趣味星空

QUWEI XINGKONG

王建红◎编著

青少年天文理论与观测

云南科技出版社

·昆明·

图书在版编目（CIP）数据

趣味星空 / 王建红编著 . —— 昆明：云南科技出版
社 ,2024.5
ISBN 978-7-5587-5649-8

Ⅰ . ①趣… Ⅱ . ①王… Ⅲ . ①天文学—青少年读物
Ⅳ . ① P1-49

中国国家版本馆 CIP 数据核字 (2024) 第 106162 号

趣味星空

QUWEI XINGKONG

王建红　编著

出版人：温　翔
责任编辑：洪丽春　曾　芫　张　朝
助理编辑：龚萌萌
装帧设计：凤　涛
责任校对：秦永红
责任印刷：蒋丽芬

书　　号：ISBN 978-7-5587-5649-8
印　　刷：昆明木行印刷有限公司
开　　本：787mm×1092mm　1/16
印　　张：11
字　　数：255 千字
版　　次：2024 年 5 月第 1 版
印　　次：2024 年 5 月第 1 次印刷
定　　价：68.00 元

出版发行：云南科技出版社
地　　址：昆明市环城西路 609 号
电　　话：0871-64114090

序

  大理市银桥镇中心完小王建红老师撰写的《趣味星空》，是我们云南省第一本专为中小学生写的开展天文科技活动的参考书。它提供了很多学生必备的天文知识和实际观测的指南，在指导学生开展天文科技活动上起到了重要的参考作用、取得了很多成果，这是一个很好的开始。

  天文学是现代科学的肇始，恩格斯说哥白尼的《天体运行论》把自然科学从宗教的桎梏下解放出来，赋予了天文学在自然科学中先行者的崇高地位。但是，天文学又是难以触及、高深莫测的，需要凭借望远镜等工具和一定的数理知识才能进入的学科，这使得地处祖国西南边陲的云南农村小学很难开展天文方面的科技活动。

  大理市银桥镇中心完小王建红老师编写的《趣味星空》是根据学校多年来开展天文科技活动的实践经验，精心编写的一本浅显易懂、非常适合中小学生使用的天文科技活动参考书，本书可以作为中小学开展天文科技活动的教学范本加以推广。相信随着我省教学条件的不断改善，天文学这朵小花一定会伴随着《趣味星空》在各地竞相开放。

中国科学院云南天文台

高 衡

2024 年 2 月 22 日

前　言

　　天文学是一门探索宇宙的学科，它研究的时间尺度（138 亿年），空间尺度（930 亿光年）都是其他学科所不能比拟的。仰望星空，深邃而广袤的宇宙常常带给人类无以言表的美感和深深的震撼，也许自遥远的史前文明伊始，星空便激发了人类探索大自然的欲望。

　　然而，在人类的六大基础自然学科（数学、物理、化学、天文学、生物学、地球科学）中，却唯独只有天文学没有在我国的中小学课程体系之中单独设立，天文学也因无法发挥其独特优势以助力青少年教育事业的发展而成为我国中小学教育的一大遗憾。本书作者有感于此，特从 2012 年起在大理市银桥镇中心完小开展天文特色教育，成为大理白族自治州中小学中唯一有天文特色教育的学校，十多年来，带领一届又一届青少年仰望星空、普及天文知识、传播科学。然而，在前进的过程中，我们也深感市面上没有一本合适的，能对中小学生进行天文科普教学、天文观测活动进行指导的书籍，正是基于此原因，我编写了本书作为可供参考的中小学天文课程资源，本书同时也是我大理市银桥镇中心完小开展天文特色教育的阶段性成果。

　　本书编写以落实素质教育、发展学生核心素养、培养科学探究能力和启迪学生科学精神为指导，采用"天文理论 + 天文探究活动"的编写形式，编写的过程中参考了众多天文专业书籍，同时融合了作者多年来开展天文活动的经验，而引入白族天文学和陨石学代表了本书的特色，这体现了本书作者为传承本地区民族文化和改革现有中小学天文教育参考书籍内容结构所作的努力。当然，因作者能力所限，本书一定有不少缺点，愿教育界、天文界相关人士多加指正，愿本书的出版能为国内中小学天文科普教育活动的开展及青少年科学素养的提高作出有益贡献。

王建红

2024 年 3 月 2 日

目录

那深邃的星空中，
究竟隐藏了多少奥秘？
让我们一起向着星空出发，
去探索星星的奥秘吧！

阅读与思考

美丽而神秘的星空中有哪些看得见和看不见的天体？

图 1-1　从太空回望地球

第一节　地球——我们的家园

当我们从浩瀚的太空中回望我们生存的这个世界，便可以看到一颗美丽的蓝色星球，这就是我们赖以生存的家园——地球。

在遥远的 45 亿 5 千万年前，地球诞生了，地球并不孤独，一颗与她形影不离的星球——月球，已经与地球朝夕相伴了 40 多亿年。月球大约每 27 天围绕地球旋转一周，它像地球的卫兵一样保护着地球。地球和月球这对伙伴共同组成地月系以 365 天 6 小时 9 分 10 秒为周期围绕着一颗伟大的星球——太阳旋转。

地球、月球和其他众多行星、卫星及矮行星、小行星、彗星、流星体、行星际物质等天体共同围绕太阳旋转，组成一个大家庭，这就是我们的——"太阳系"。

麗江星空
昆明蘇攝于麗江高美古
2019年2月7日

图 1-2　璀璨星空（苏泓　摄）

第二节　初识星空

一、恒星和它们的数量、亮度和颜色

在晴朗无月的夜晚，仰望星空，点点繁星在天上眨着眼睛，似乎星星的数量多得数也数不清。其实如果你仔细观察，肉眼能看到的星星是可以数清的，据统计，人肉眼能看到的恒星有 6000 多颗。

古代天文学家们把那些始终在天上看起来不动的星星叫作"恒星"（但后来的天文学家发现它们还是会动的，只是不明显）。太阳也是一颗恒星，恒星都像太阳一样能长时间发光发热。星星还有明有暗，从古希腊天文学家喜帕恰斯开始，人们用"星等"代表星星的亮度，越亮的恒星星等数值越小，比如天琴座的织女星是 0 等星，室女座的角宿一是 1 等星，这代表织女星比角宿一更亮。

星星还有不同的颜色，在冬季夜晚，当你望向猎户座，就会发现其中的一颗恒星——"参宿四"是红色的，而猎户座中的"参宿七"则是蓝白色的，恒星有不同的颜色是因为它们拥有着不同的温度。

二、星座的起源和划分

图 1-3　金牛座 (张卫国　摄)

为了便于认识星空, 远古的人们将星空划分成许多区域, 叫作"星座"。最早的星座由 5000 多年前的古巴比伦人创造出来, 黄道十二星座就是由他们发明的, 后世天文学家和航海家们又加以补充和删订, 最终在 1928 年由国际天文学联合会召开会议统一规定了天上一共划分为 88 个星座, 全世界统一使用。

我们中国也有自己的星空划分体系, 只不过我们中国不叫它星座, 而称其为"星官"。中国古代的星官体系分为三垣、四象、二十八宿。

三、恒星的名字

星星也有自己的名字, 古代的西方天文学家用"星座名＋希腊字母"的方式命名一颗恒星, 如"金牛座 α""猎户座 β"。如果一个星座中恒星太多, 希腊字母不够用了, 就接着用拉丁字母和数字。

中国古代的天文学家也给恒星取了名字, 如"金牛座 α"的中国星名是"毕宿五", "猎户座 β"的中国星名是"参宿七", 因为它们分别在二十八星宿中的毕宿和参宿中。

图 1-4　太阳系

第三节　那些会 "动" 的星星

一、八大行星

　　与恒星 "不动" 不同，很久以前的人们早就注意到有些星星在天上以很明显的速度在移动，所以把它们叫作 "行星"，在天文望远镜发明以前，天文学家们只知道夜空中有 5 颗行星，分别是水星、金星、火星、木星、土星，地球也和它们一样是行星。天文望远镜发明后，1781 年，天文学家威廉·赫歇尔发现了天王星，1846 年，天文学家加勒发现了海王星，所以目前我们的太阳系一共有 8 颗行星。

二、卫星、彗星、小行星、流星、矮行星

图 1-5　双子座流星雨（刘成山　摄）

月球是围绕地球旋转的天然星体，月球上较暗的一些区域称为"月海"。高出月海的地区称为"月陆"，月球上有众多呈碗形凹陷的地形，它们叫作"环形山"，大多数是由陨石撞击而形成的。类似月球这样围绕行星旋转的小天体叫作"卫星"。地球只有 1 颗卫星，火星有 2 颗，木星的卫星最多，有 79 颗。

彗星是太阳系里冰冻的小天体，上面含有许多冰和尘埃。太阳系里的彗星主要集中在远离太阳的柯伊伯带和奥尔特云，彗星的数量十分惊人，据天文学家估算，彗星的总数量有 10000 亿颗以上。

太阳系中有一些小天体，它们个头比八大行星小一点，主要集中在木星和火星之间，叫作"小行星"，第一颗发现的小行星叫"谷神星"，小行星的数量也很多。截至 2017 年 5 月，已发现 77 万多颗小行星。

那些更小的太阳系星体称为流星体，几乎每天晚上我们都能看到一些太空中的流星体降落地球形成流星现象，但流星这样的偶然降落远不如流星雨壮观。

1929 年，美国天文学家汤博发现了冥王星，冥王星是曾经的第九大行星，后来天文学家认为它不属于大行星，于是把它和其他几颗星划为了"矮行星"，连第一颗被发现的小行星谷神星后来也被划为了"矮行星"。

图 1-6　M81、M82 星系

第四节　星云、星团和星系

一、星云

图 1-7　马头星云

　　星空中还有一些仅凭肉眼很难看见的天体，它们隐藏在群星间漆黑的天区中，星云就是其中之一。星云大多是由恒星死亡后形成的，比较著名的有猎户座大星云、玫瑰星云、马头星云等。

二、星团

图 1-8　昴星团

　　许多恒星都会在引力的作用下聚集成团，称为"星团"。金牛座中就有一个著名的星团——昴星团，大约由 1000 颗恒星聚集而成，武仙座中也有一个由约 10 万颗恒星组成的球状星团。

三、星系

图 1-9　仙女座大星系

　　太阳系和其他约 2000 亿颗恒星一起位于一个更大的恒星集团中，叫作"银河系"。不借助望远镜，你在夜空中看到的所有恒星、星云和星团也都属于银河系，然而宇宙中像银河系这样的星系还有很多，它们大都很远，著名的仙女座星系（M31）就距离我们约 250 万光年，只要你能耐心用望远镜寻找，就能在许多星座中找到星系。

飞向光年之外的比邻星

　　距离太阳最近的恒星是半人马座的比邻星，比邻星太暗了，如果不借助天文望远镜的话便不能看到它，比邻星距离地球只有 4.2 光年，在宇宙中算是近在咫尺了，然而人类跨越这段距离却难如登天。

　　"光年"是天文学中的距离单位，表示光在真空中走一年的距离，光每秒大约行 30 万千米，所以 1 光年等于 9.4605 万亿千米。4.2 光年有多远呢？如果把地球想象成一粒沙子，太阳就是一颗弹珠，在距离地球 1 米远的地方，比邻星也相当于一颗弹珠，但它却在距我们的太阳 270 千米远的地方！

　　如果我们要去比邻星，乘坐一艘每秒飞行 50 千米的飞船（作为对比，子弹的速度只有每秒几百米），飞到比邻星要花 25000 年的时间！

第五节 隐藏的宇宙

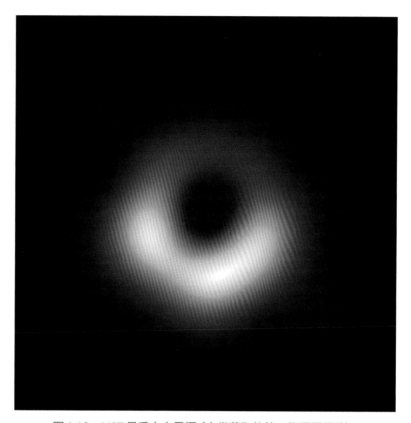

图 1-10　M87 星系中央黑洞（人类获取的第一张黑洞照片）

　　遥望星空，群星之中还有许多我们人类所知很少的天体，有的肉眼看不到，有的即使借助天文设备也很难探测到它们。

　　黑洞、中子星、白矮星就是这样的天体，它们大多是恒星死亡后的产物。科学家还发现宇宙中有一些部分，人类看不到它们，但它们确实存在，并主宰着我们的宇宙，而且在宇宙中的数量非常庞大。它们非常神秘，人类至今没有揭开它们神秘的面纱，它们的名字是"暗物质"和"暗能量"。

怎样用活动星图准确演示指定日期和时间的星空?

天文探究活动: 使用活动星图认识星空

一、活动目的

（1）认识活动星图的结构和原理。

（2）掌握活动星图的使用方法。

（3）能演示指定日期、时刻、方位的星空。

二、活动背景知识

晴朗的夜晚，星光灿烂，或明或暗、密密麻麻的星星看得人眼花缭乱，想要认识星空从哪里开始呢? 有没有什么工具可以帮助我们? 活动星图就是帮助星空初学者认识群星的好助手。

活动星图由固定部分和活动部分组成，活动部分是绘有星座的部分，它的外围还有月份和日期刻度，可以绕着中心旋转。固定部分不能动，它的内部开了个椭圆形的切口使活动部分的星座可以显露出来，椭圆形切口边沿表示地平线，上面还有方位标识（东、南、西、北），固定部分外圈还有时刻刻度。

三、活动所需器材

图 1-11 活动星图

四、活动过程

活动星图能演示一年内任意时刻的星空，按照以下步骤你就能轻松使用活动星图：

（1）确定方向。

图 1-12 确定方向

如果你想在晚上观测南面的星空，首先你要面向南方站立，然后请将活动星图立起来并将它的"南面"转向你的前方（即"南"字朝下），观测其他方向的星空也是类似操作。

（2）确定日期和时刻。

图 1-13　确定日期和时刻

假设你要在 2 月 23 日晚上 9 时观测星空，就先在活动部分的外圈找到"2 月 23 日"的刻度，旋转最外圈，将这个刻度对准固定部分"21 时"的刻度，这样活动星图内部演示的就是 2 月 23 日 21 时的星空了。演示其他时刻的星空也是类似的操作。

五、活动提示

（1）活动星图不仅能演示晚上的星空，也能演示白天的星空。

（2）活动星图的地平线对不同纬度处的观测者是不一样的，同一时刻不同纬度处的观测者看到的星空会有所不同。

六、任务活动

请用活动星图演示今晚的星空，如果天气晴朗的话请使用你手中的活动星图初步认识一下星空，开启你的第一次星空之旅吧！

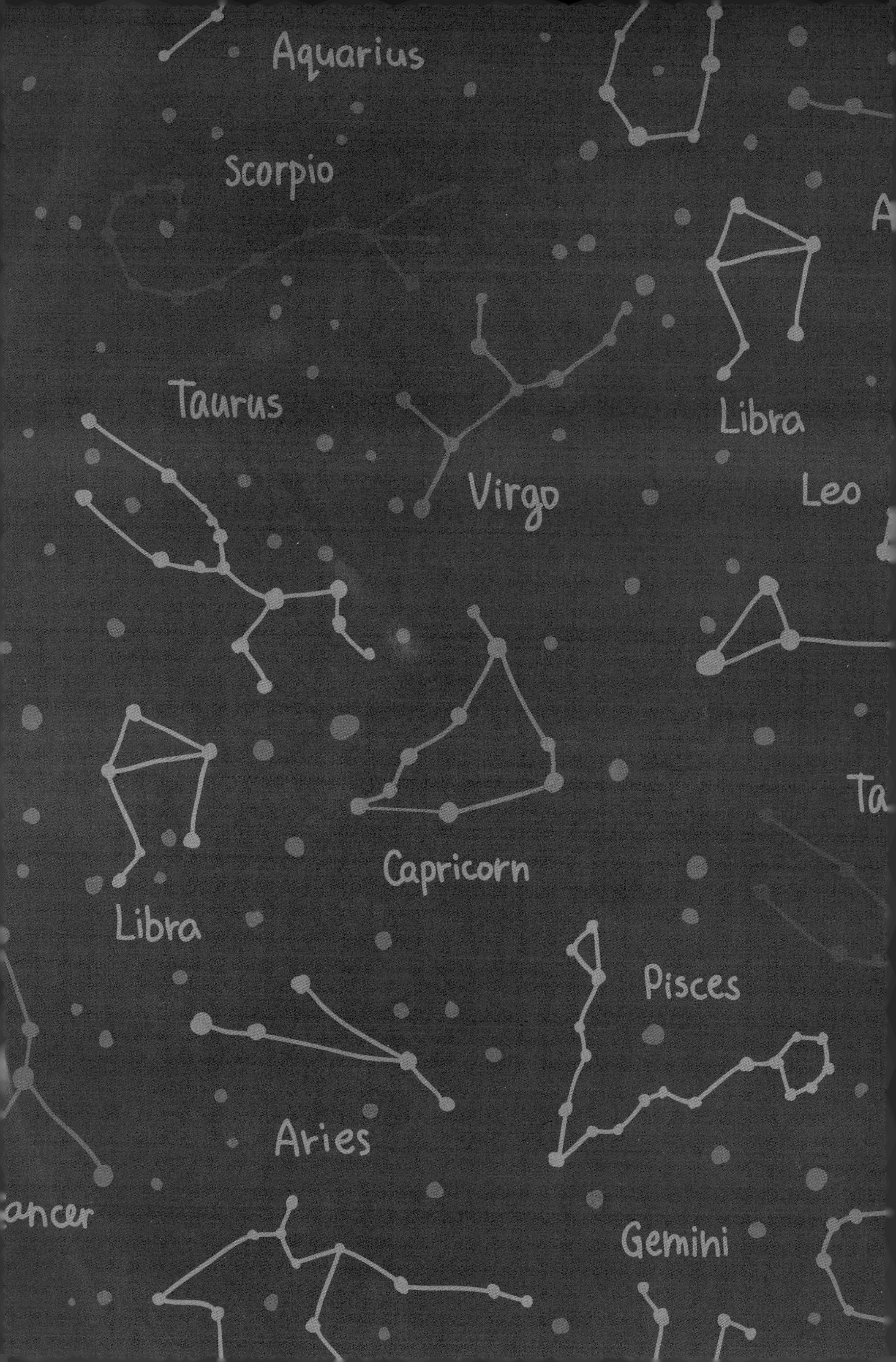

第二章 天文望远镜

阅读与思考

天文望远镜都有什么类型? 如何使用?

第一节 提高你的观星能力
——双筒望远镜

图 2-1 双筒望远镜

双筒望远镜是最简单而实用的观星工具，入门级的双筒望远镜价格比起一台真正的天文望远镜也要便宜得多，然而它可以将我们能看到的星星从几千颗扩展到数十万颗，还能看到许多裸眼（不借助任何光学仪器）看不到的深空天体。

一、数字的含义

双筒望远镜上一般会标有一些数字和数学符号，例如"10×50"，这代表的是这台双筒望远镜的放大倍率和以毫米表示的口径，所以"10×50"表示这是一台放大倍率为10倍，口径为50毫米的双筒望远镜。

二、选择适合你的双筒望远镜

如果你刚接触星空，"7×50"（口径 50 毫米，放大 7 倍）的双筒望远镜是比较好的选择，这样规格的双筒望远镜不太重，同时对天文观测而言又"基本够用"，价格也比较适中。

三、带着双筒望远镜漫游星空

使用双筒望远镜你可以观测星云、星团、亮的星系、双星、月球等天体，立体感非常强，在天气晴朗的夜晚使用双筒望远镜漫游星空将是一种美妙的享受。

图 2-2　星空

第二节 观星的利器——天文望远镜

图 2-3 从左至右：折射望远镜、反射望远镜、折反射望远镜

天文望远镜由主镜、支架和一些配件组成，按照光学系统来分，常见的天文望远镜分为三种——折射式、反射式、折反射式，它们各有优缺点。

一、折射现象和反射现象

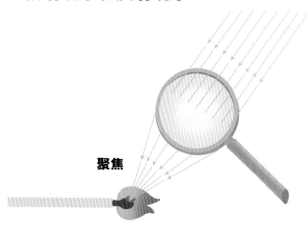

图 2-4 放大镜（光的折射现象）

当你把一个放大镜（光线能透过镜片，所以属于透镜）在阳光下慢慢调整到合适的距离，放大镜就能点燃地上的火柴。这是因为放大镜能使透过它的太阳光发生偏折，从而汇聚太阳的光线产生高温。

太阳光透过放大镜发生偏折的现象就属于折射现象，星星的光线比太阳光暗弱多了。为了汇聚这些珍贵的星光进行观测，聪明的人们利用了光的折射现象发明了折射式天文望远镜。

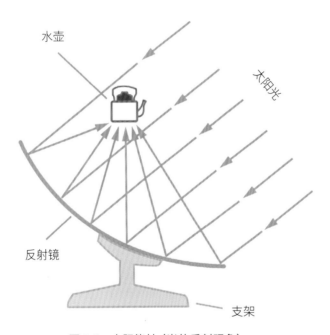

图 2-5　太阳能灶（光的反射现象）

你听说过太阳能灶吗？用太阳能灶可以烧水、做饭。原来，当太阳光射向太阳能灶凹面的时候，太阳光就改变了原来的传播路线，被汇聚到太阳能灶凹面前的一个点上，在那里聚集了几乎所有射进凹面的太阳光线，所以温度很高，可以用来烧水、做饭。

当射向太阳能灶凹面的光线被偏折了，我们就说太阳光发生了反射现象，折射现象和反射现象都能汇聚太阳光和星光，只要科学家们巧妙地设计一下折射镜和反射镜的形状就可以。因而人们不仅发明了折射式天文望远镜，也发明了反射式天文望远镜，它们的最终目的都是利用折射和反射原理汇聚星光和放大天体。

二、折射望远镜

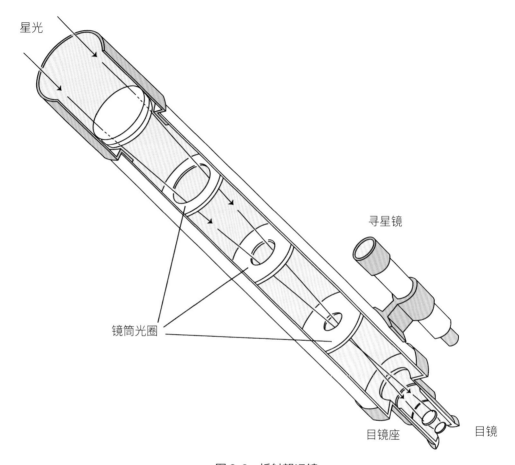

星光

寻星镜

镜筒光圈

目镜座　　目镜

图 2-6　折射望远镜

第一台折射式天文望远镜是 1609 年由伽利略发明的，但伽利略发明的折射望远镜有很严重的色差（从望远镜中看到的天体成像有彩色边缘的现象），为了减少色差，后来的折射望远镜进行了很多的改进。发展到现代，那些爱好者使用的高端折射望远镜实际观测已经几乎没有色差了，但价格也非常昂贵。

使用折射式天文望远镜时把望远镜对准观测的天体，物镜（即镜筒前端汇聚星光的透镜）就会收集天体的光线，天体光线经过物镜的折射进入主镜筒后经天顶镜反射，再经目镜放大，最后就进入了人眼，我们就能看到放大了的天体。

三、反射望远镜

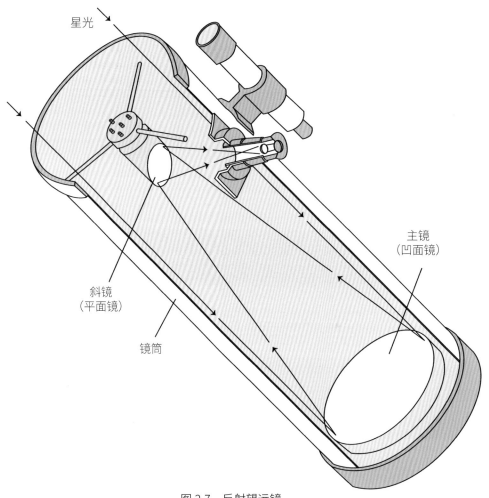

星光

主镜
（凹面镜）

斜镜
（平面镜）

镜筒

图 2-7　反射望远镜

在业余天文观测中较常见的反射望远镜是牛顿式反射望远镜，牛顿式反射望远镜是由英国物理学家牛顿发明的，反射望远镜与折射望远镜最大的区别是其物镜是反射镜（一般是抛物面），而折射望远镜的物镜是透镜，反射望远镜的物镜在主镜筒的底部，在离镜筒口不远处还有一个"副镜"，副镜也是反射镜，用于将光反射至目镜处。

天体的光线进入主镜筒后经由主镜筒底部的反射镜反射后投射至副镜处，又由副镜反射至目镜，最后由目镜将其放大进入人眼的瞳孔。

四、折反射望远镜

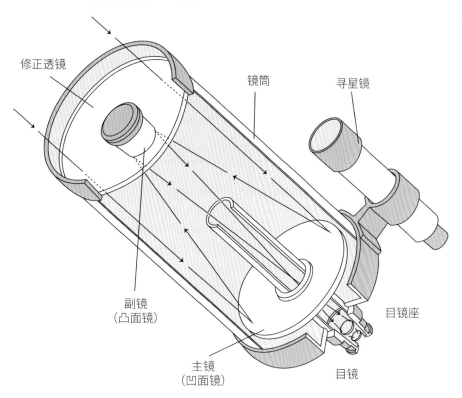

修正透镜

镜筒

寻星镜

副镜
（凸面镜）

主镜
（凹面镜）

目镜座

目镜

图 2-8　折反射望远镜

折反射望远镜主镜的物镜是由改正透镜和反射镜组合而成，折反射望远镜集合了折射镜和反射镜的优点，所以它没有色差，比起反射望远镜只有非常小的像差（从望远镜中看到的天体成像变形的现象）。业余天文观测常用的折反射望远镜有"施密特—卡塞格林望远镜"（简称"施卡"）和"马克苏托夫—卡塞格林望远镜"（简称"马卡"）。

以施卡和马卡为例，天体入射的光线经镜筒前端的改正透镜折射后进入镜筒内部，再由镜筒底部的反射镜进行第一次反射，然后由透镜背部的副镜（也是反射镜）进行第二次反射后由镜筒底部的开口处射向天顶镜和目镜，最后所成的像进入人眼，我们就能看到放大的天体像。

五、天文望远镜的配件

图 2-9　天文望远镜的常用配件

天文望远镜除了主镜还有许多小的配件，常用的有目镜、天顶镜、寻星镜、增倍镜等。天顶镜内部有一块反射镜，可以将天体射入天顶镜的光线进行反射，一般常用的是 90°天顶镜，可以将天体的光线成 90°角反射，这样观测时会更舒适。目镜由多片透镜组成，其作用是放大物镜所成的像。寻星镜的作用则是用于寻找观测的天体。增倍镜是能扩大观测倍数的配件，它需要和目镜配合使用，一个"2X"的增倍镜表示可以将放大倍数扩大 2 倍。

天文望远镜放大倍率怎么算？

1. 先聊聊"焦距"

本节第一部分"放大镜汇聚太阳光点燃火柴"的例子中，太阳光被放大镜折射后汇聚于一点，这个点就叫"焦点"，而放大镜中心与焦点之间的距离就是焦距。对呈半球形的反射镜（像太阳能灶一样）来说，焦距也是半球形反射镜面中心与焦点之间的距离。

2. 轻轻松松算天文望远镜的放大倍数

天文望远镜的放大倍数根据这个公式计算——"物镜焦距÷目镜焦距=放大倍数"，如果一台望远镜物镜焦距是750毫米，使用的目镜焦距是10毫米，那么这时望远镜的放大倍数就是75倍（750毫米÷10毫米=75）。一台望远镜物镜的焦距是固定的，一般情况下虽然每个目镜的焦距也是固定的，但你可以买多个目镜，这样你就能得到不同的放大倍数。

六、天文望远镜的支架

天文望远镜的组成除了主镜外还有支架,常用的有赤道仪、经纬仪,赤道仪和经纬仪上面连接主镜,下面连接三脚架,三脚架起到支撑作用。

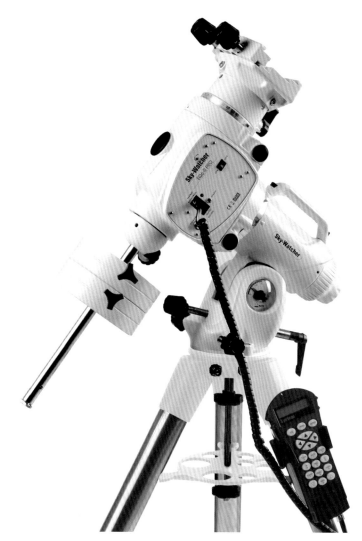

图 2-10 赤道仪

地球每天都在自西向东的自转,所以所有的天体都会东升西落,一天在天上转一圈。望远镜在放大天体像的同时也把天体的运动速率放大了。在高倍下观测行星的话,行星会很快移动出视场,让你来不及细细欣赏,因此才需要一台赤道仪。赤道仪的原理正是让天文望远镜以地球自转的速率跟着地球自转以抵消地球自转的影响，这样天体就能稳定地出现在视场中。

一台有跟踪系统的赤道仪（较常用的是德式赤道仪）使用起来是很方便的，找到天体后开启跟踪就再也不用担心天体会跑出视场。

有的赤道仪还带有 GOTO（自动寻星）系统，这样的赤道仪更高级，不仅能跟踪天体，还能自动寻找到你要找的天体。带有 GOTO 系统的赤道仪可以帮我们寻找到一些肉眼很难找到的目标天体，如果配合相机还能进行天文摄影，拍出美丽的星云、星系等深空天体照片。

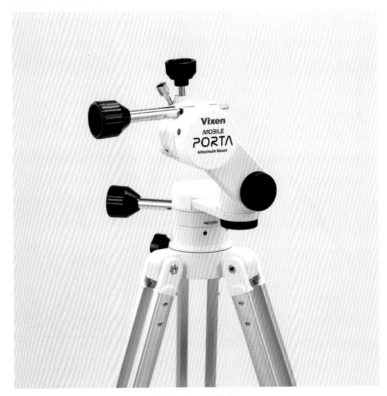

图 2-11　经纬仪

地平式经纬仪也是常用的望远镜支架，它可以在上下和水平两个方向转动。和赤道仪一样，同样有电动的和手动的两种，经纬仪使用简单，特别适合新手使用，但即使是能跟踪的经纬仪也不适合进行长时间曝光的天文摄影。

赤道仪在连接望远镜前必须先对极轴。为什么需要这一步呢？

天文探究活动：安装一台天文望远镜并把它对准目标天体

图 2-12 天文望远镜

一、活动目的

（1）进一步认识天文望远镜各部分的功能及安装方法。

（2）能独立安装一台天文望远镜。

（3）能寻找到简单的目标天体。

二、活动背景知识

（1）倍数并非越高越好。一般而言，一台业余望远镜最大的放大倍数为以毫米表示的口径值的 2 倍左右，所以一台口径为 102 毫米的望远镜，可以使用的最大倍数为 204 倍。如果再大的话也并不能使你看到更好的效果，反而你从目镜中看到的像质会严重下降。

（2）任何时候都不能把望远镜在无减光设备的情况下直接对准太阳！

望远镜的聚光作用会聚集大量的太阳光，在没有减光设备的情况下使用望远镜观测，强烈的太阳光会直接灼伤人的眼睛。

（3）没有万能的望远镜。每种天文望远镜都有自己的长处和不足，面面俱到的望远镜是没有的。一般而言，焦距很长的望远镜适合观测行星，大口径望远镜适合观测星云、星团、星系等深空天体，双筒望远镜适合巡天观测。

（4）目视情况下几乎看不到星云的颜色。星云这类深空天体一般都有美丽的色彩，但用大多数业余级的天文望远镜观测都很难看到它漂亮的颜色，在目视情况下，星云是星空中灰白色的云雾状天体，美丽的颜色要在长时间曝光拍摄的情况下才能显现出来。

三、活动过程

实战前的准备——天文望远镜的安装方法。

当我们有了一台天文望远镜后就迫不及待地想要用它来观星，但天文望远镜要正确地安装好才能发挥它的观星威力，那么怎样安装一台天文望远镜呢？

1. 安装三脚架

图 2-13　安装三脚架

把望远镜的三脚架撑开，带"N"的一只脚朝向正北方，这一步可借助指南针完成。

2. 安装赤道仪

图 2-14　安装赤道仪

将赤道仪安装在三脚架上（先不要安重锤），锁紧后先把赤道仪高度角调为当地纬度，再将极轴（也叫"赤经轴"）指向北天极。北天极离北极星非常近，北极星和赤道仪内的极轴镜可以帮助你完成这一步，赤道仪的极轴对准北天极就代表望远镜的极轴和地球自转轴平行了，然后再连接好控制手柄（如果只是目视观测天体或者仅需要跟踪精度不高的天体摄影，也可以不用精确地对准北天极，即只需要将极轴粗略指向北极星就可以了）。

3. 安装天文望远镜并调平衡

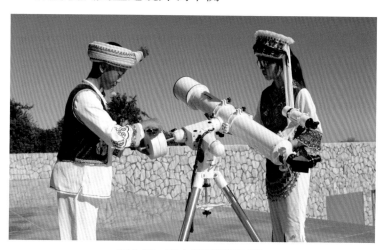

图 2-15　天文望远镜调平衡 1

图 2-16　天文望远镜调平衡 2

　　将望远镜安装上赤道仪，锁紧，装上重锤、寻星镜、天顶镜、目镜这些配件后调望远镜的平衡。

　　调平衡首先要松开锁定赤经轴的螺丝，将望远镜和重锤分别放置在赤道仪的两端，根据两端的轻重情况前后调整重锤的位置，直到平衡为止。然后将望远镜旋转回初始位置，锁住赤经螺丝，松开锁定赤纬轴的螺丝，将主镜旋转至水平，松开手观察主镜状态，根据重量情况利用抱箍调整主镜筒前后位置，一直达到平衡为止。

4. 调寻星镜

　　寻星镜使用前必须使寻星镜的光轴与主镜光轴平行，所以在正式观测前要调节寻星镜。方法是先将主镜对准远处的建筑物目标（比如将一座塔的塔尖置于主镜视场中心），锁好赤道仪，调整寻星镜的调节螺丝，将远处建筑物目标（塔尖）置于寻星镜十字丝正中，寻星镜就调好了。

5. 观测天体

图 2-17 观测天体

松开望远镜赤道仪制紧螺丝，手动将望远镜对向天体所在的大致方向，先从寻星镜中观察，将天体置于寻星镜十字丝中心，锁上赤道仪，此时在主镜中就能观测到目标天体。

四、活动所需器材

天文望远镜。

五、活动提示

（1）锁紧望远镜的各个部分，在安装赤道仪、重锤、天文望远镜、目镜、天顶镜等配件时一定要锁紧，否则可能出现器材掉落，甚至砸伤人的事件。

（2）不要在不上重锤的情况下安装主镜，否则主镜可能会意外落下砸到赤道仪。

六、任务活动

查阅今晚会出现的值得观测的天体，利用你学到的望远镜操作和观测知识实际观测一次。

Aquarius
Capricorn
Scorpio
Taurus
Sagittarius
Gemini
Libra
Aries
Scorpio
Cancer

第三章　星座趣谈

阅读与思考

每个季节的代表性星座都有哪些?

第一节　四季星座各不同

一、变化的四季星空

如果你是一个细心而有毅力的同学，在春、夏、秋、冬四季夜晚的同一时刻观测星空，就会发现每个季节的星象都是不一样的。从每年的第一天开始，每天出现在天上的星座都会缓慢变化（以一年为周期），而在每一个季节中出现的星座都是相对固定的，这就形成了四季星座。

二、四季星空各不同的原因

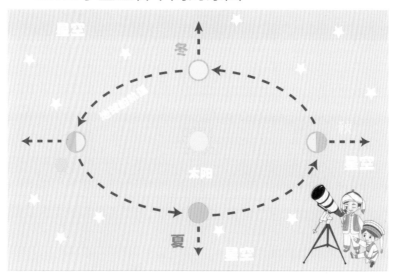

图 3-1　地球公转造成了四季不同的星空

为什么四季夜晚看到的星空会不同呢？这是由于地球在围绕太阳自西向东公转，每天都在不断改变着它在轨道上的位置，反映到天空中就会让太阳看起来缓慢地自西向东在群星间运动。以一年为周期，与太阳所在方向相对的地球上处于夜晚半球上的人们所看到的星空也就会以一年为周期缓慢地变化，这才导致了四季星空的不同。

星座变化的规律

留心观测夜晚的星座！你可以在固定观测点选择最远处一个固定的参照物（如建筑物、远山等），仔细观察，你将会发现同一个星座每天比前一天会提前约 4 分钟升起，如果积累 1 个月，这个星座将会比前 1 个月提前 1 小时升起，导致的结果是：本季节夜晚的星座下落越来越早，同时也逐渐会升起下一个季节的星座。而造成这些变化的原因，自然就是地球的公转运动。

第二节　畅游四季星空

一、春季星座（3月—5月）

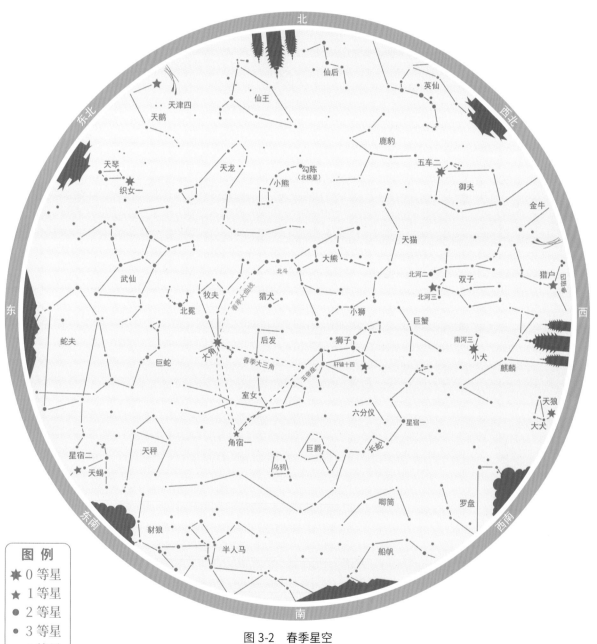

图 3-2　春季星空

注：对应观测时刻：3月上半月0—1时，下半月23—0时；4月上半月22—23时，下半月21—22时；5月上半月20—21时，下半月19—20时

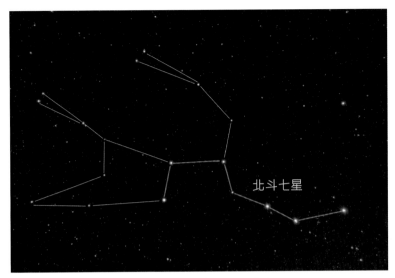

图 3-3　大熊座（张卫国　摄）

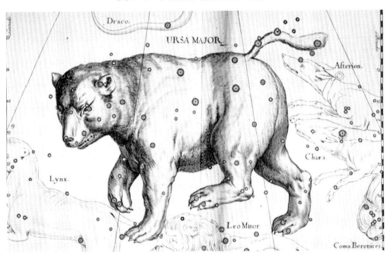

图 3-4　大熊座

认识春季星座我们可以从北面星空中明亮的北斗七星开始，北斗七星好似一个勺子，从勺口第一颗星开始，这七颗星的中国名字分别叫作"天枢""天璇""天玑""天权""玉衡""开阳""摇光"。北斗七星属于大熊座，是大熊座中最亮的部分。把北斗七星中的天璇星向天枢星连接，并向下沿长 5 倍的距离，我们就会找到一颗亮星，它叫作北极星，位于小熊座，如果你能坚持观察就会发现北极星似乎常年位于正北方一动不动，但实际上它还是在"动"的。

　　沿着北斗七星斗柄弧线沿长出去我们就会看到一颗橙色的 0 等亮星——大角星，这是春季北半球夜空中最亮的恒星，大角星属于牧夫座，牧夫座看起来就像一个风筝一样飞翔在春季星空中。继续把这条弧线沿长就会找到室女座的 1 等亮星"角宿一"，北斗七星斗柄和大角星、角宿一共同组成的这条曲线就叫作"春季大曲线"，如果把这条曲线继续沿长，我们还能找到乌鸦座，这是一个小而显眼的四边形状星座。

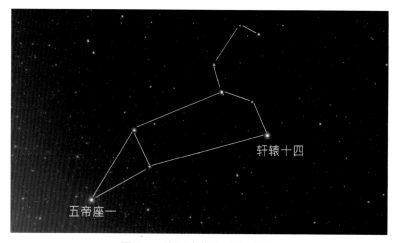

图 3-5　狮子座（张卫国　摄）

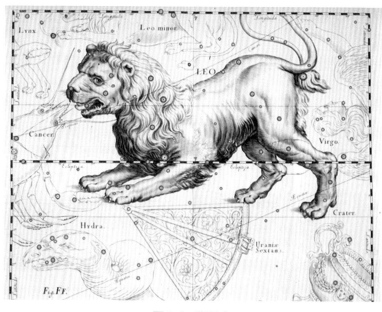

图 3-6　狮子座

　　从北斗七星的天权星向天玑星连接并沿长，我们就能找到春季星空中威武的雄狮——狮子座，狮子座最亮的星是一颗1等亮星——轩辕十四。识别狮子座要找一个由数颗星组成的反写的问号（"？"），轩辕十四就是这个问号的点（"."），这个反写的问号好比狮子的头部，继续发挥你的想象力就能连出狮子的身体，"五帝座一"是狮子座中的另一颗亮星，它和角宿一、大角星共同组成了"春季大三角"。

二、夏季星座(6月—8月)

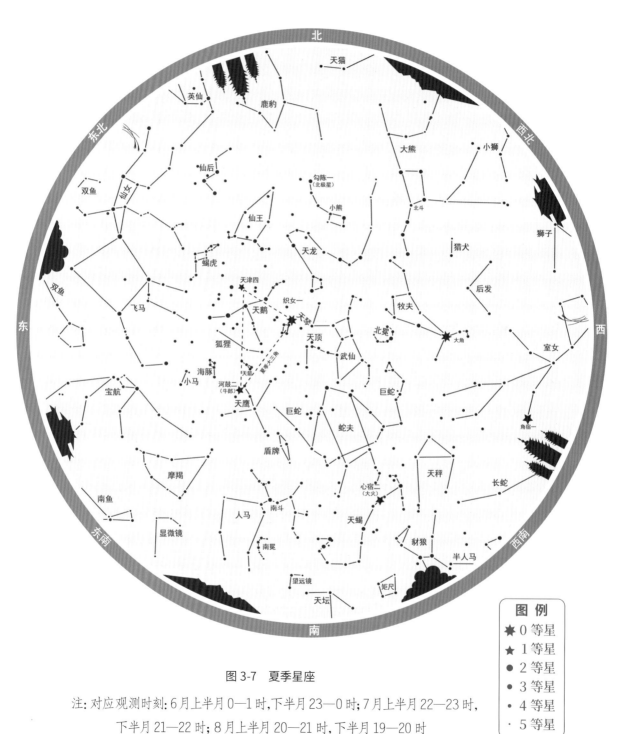

图 3-7　夏季星座

注: 对应观测时刻:6月上半月 0—1 时,下半月 23—0 时;7月上半月 22—23 时,
下半月 21—22 时;8月上半月 20—21 时,下半月 19—20 时

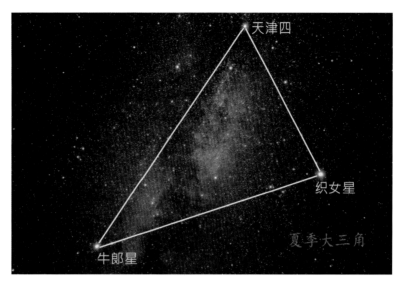

图 3-8 夏季大三角（张卫国 摄）

夏夜星空最引人瞩目的莫过于壮观的银河，仔细寻找，你就会发现在银河上飞翔着一只大"天鹅"——天鹅座，它的主要恒星组成一个壮观的大十字，其中最亮的是一颗位于天鹅尾部的 1 等星——天津四。找到了天鹅座，再向银河两侧搜寻，我们还能看到 2 颗亮星，它们分别是天鹰座的 1 等星牛郎星和天琴座的 0 等星织女星，天津四、牛郎星、织女星 3 颗亮星构成了一个大三角形，称为"夏季大三角"，是识别夏季星座的一个标志。

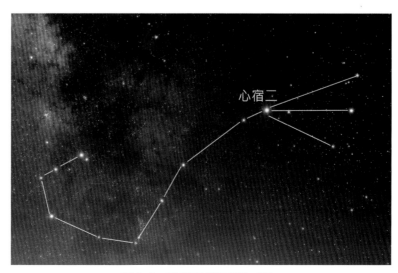

图 3-9 天蝎座（张卫国 摄）

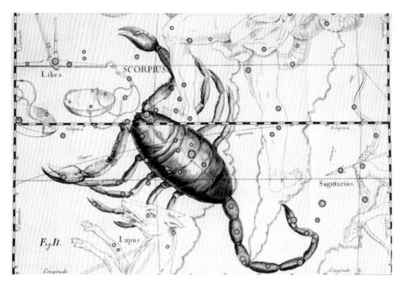

图 3-10　天蝎座

夏夜雄踞于南面星空中最壮观的星座非天蝎座莫属，它的亮星组成一个"S"形，像一只霸气的大蝎子，天蝎座最亮的星是位于蝎子心脏部位的一颗发出橙色光芒的 1 等星——"心宿二"。心宿二是一颗红超巨星，直径是太阳的 500 倍，已经演化到了恒星的老年阶段。

天蝎座的旁边就是人马座，粗看起来，构成人马座主要部分的 8 颗亮星就像一个茶壶一样悬于银河旁边，而构成茶壶把手以及壶盖的 6 颗星非常像一个勺子的形状，只不过这个勺子比北斗七星小得多，我们叫它"南斗六星"，与北斗七星遥相呼应。夏季夜晚朝天蝎座、人马座方向望去，正好可以望见银河最稠密的部分，银河系的中心方向正是位于人马座内。

三、秋季星座(9月—11月)

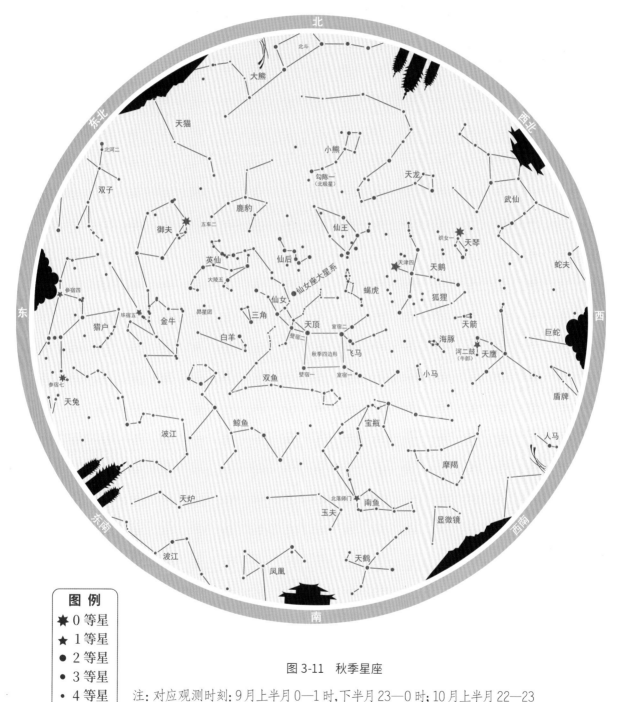

图 3-11　秋季星座

注：对应观测时刻：9月上半月0—1时，下半月23—0时；10月上半月22—23
时，下半月21—22时；11月上半月20—21时，下半月19—20时

图　例

★ 0 等星
★ 1 等星
● 2 等星
● 3 等星
· 4 等星
· 5 等星

图 3-12　仙女座（张卫国　摄）

　　认识秋季星座，要先从一个由 4 颗亮星组成的巨大四边形——秋季四边形（也叫"飞马座四边形"）开始，它们是辨认飞马座的主要标志，标明了"马身"所在的位置。然而这个四边形中的一颗星——"壁宿二"却不属于飞马座，它属于仙女座。

　　仙女座紧靠着飞马座，由飞马座四边形的"室宿二"连至"壁宿二"，再延伸便可找到仙女座。仙女座最值得观测的是其中的仙女座星系，这是北半球人类唯一一个不借助仪器就能看到的银河系外星系。

图 3-13　仙后座（张卫国　摄）

　　除了飞马座四边形，秋季星空中最惹人注目的由星星排列成的图案就是仙后座的"M"形了，由仙后座的 5 颗亮星排列而成。在秋夜星空中，北斗七星大部分时间都隐没在地平线下，寻找北极星的任务就落在了仙后座上。将仙后座"M"形左右两边向上沿长，你会找到一个交点，将其与"M"形中间一颗星连接后再沿长 7 倍距离，你就找到了北极星。

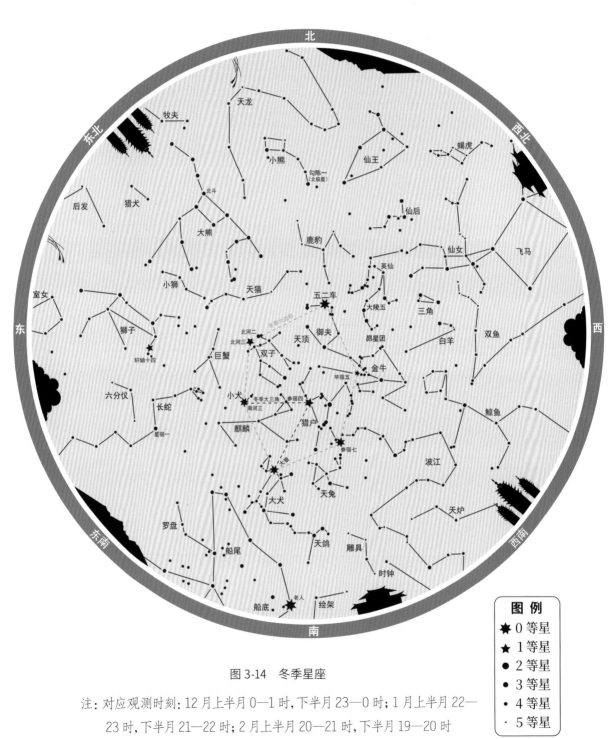

四、冬季星座（12 月至翌年 2 月）

图 3-14　冬季星座

注：对应观测时刻：12 月上半月 0—1 时，下半月 23—0 时；1 月上半月 22—23 时，下半月 21—22 时；2 月上半月 20—21 时，下半月 19—20 时

神仙鱼星云

参宿四

马头星云

巴纳德星云 猎户座星云

参宿七

图 3-15 猎户座（张卫国 摄）

　　冬季星空是四季星空中最为壮观而美丽的，因为它拥有全天
最多的亮星，其中有 6 颗亮星——猎户座的参宿七、大犬座的天
狼星、小犬座的南河三、双子座的北河三、御夫座的五车二、金
牛座的毕宿五共同组成了一个六边形，覆盖了非常大的天空范围，
叫作"冬季六边形"。这个大六边形璀璨夺目，宛如一颗巨大的
钻石般闪闪发光，所以也叫"冬季大钻石"。

　　猎户座是冬季星空中最灿烂的星座，也是最容易辨认的星座，
它主要由 7 颗星组成，像一位右手拿棍棒、左手拿盾牌的猎人。在
"猎人"右肩上是一颗红色的亮星叫作"参宿四"，参宿四与小
犬座的南河三、大犬座的天狼星共同构成了"冬季大三角"。

猎户座的两边分别是金牛座和大犬座，金牛座在猎户座的西边，仔细一看，似乎金牛正冲向猎人，猎人则摆出了迎敌的姿势！金牛座中的主要恒星排成一个"V"字形，像极了金牛的头和两个牛角；猎户座的东边则是大犬座，仿佛一只紧跟猎人追击猎物的猎犬，大犬座中的天狼星是全天第一亮星，任何夜空中能见到的恒星在天狼星面前也要黯然失色。

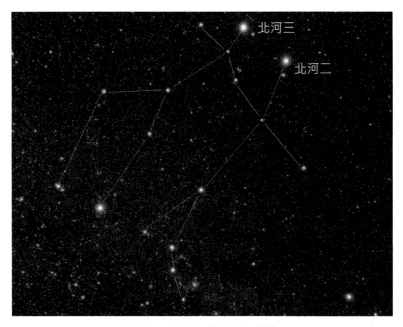

图 3-16　双子座（张卫国　摄）

在冬季的夜晚，面向东方，当猎户座升起后，双子座也会紧随猎户座而升起。寻找双子座要先找到 2 颗亮星，它们分别是"北河二"和"北河三"，是双子座的主星，再按照星图依次连接其他的星星，就找到了这个壮观的星座。

每年的 12 月 14 日（或附近），是双子座流星雨爆发的日子。发生在冬季的这场流星雨总不会让人失望，是不能错过的星空盛宴，双子座流星雨起源于 3200 法厄同小行星。

实践与探究

Stellarium 比活动星图多了哪些强大的功能?

天文探究活动: 使用 Stellarium 软件探索星空

图 3-17　Stellarium 启动界面

一、活动目的

（1）认识 Stellarium 星图软件的基本功能。

（2）掌握 Stellarium 星图软件的基础操作方法。

（3）能用 Stellarium 演示指定时刻的星空。

二、活动背景知识

Stellarium（虚拟天文馆）是一款能演示指定时刻天象的软件，如果你愿意，你甚至可以用它演示 1 万年前或 1 万年后的星空。当然它的功能远不止于此，计算并演示天象甚至控制天文望远镜指向目标天体这些高难度动作也不在话下。

三、活动所需器材

Stellarium 星图软件。

四、活动过程

设置软件

图 3-18　设置地点

在手机或电脑上下载并安装好 Stellarium 天文软件，查阅你所在地点的经纬度并点击"设置""所在位置"，输入你的经纬度，也可以勾选"GPS"一项，软件就会自动按照你的经纬度设置。

设置好地点之后再设置时间，设置完成后，Stellarium 演示的就是你指定地点和时间的星空。

图 3-19　设置时间

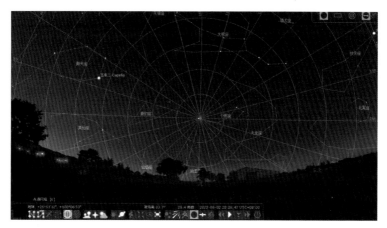

图 3-20　Stellarium 模拟星空 (带赤道坐标网格)

打开 Stellarium，点击"设置""日期及时间"，选择四季中的四个时间，分别输入，模拟四季晚上的星空，并从软件的模拟图中寻找第一部分"阅读与思考"中学到的星座，再看看还有其他什么星座。

图 3-21　Stellarium 模拟星空 (带星座想象图)

在工具栏中可以依次设置星座名称、星座连线、星座图案、星座边界、坐标网、深空天体、流星雨、人造卫星等，也可以对时间进行加速或减速，通过鼠标滚轮可以放大或缩小星空界面。Stellarium 功能强大，需要用心探索。

图 3-22　Stellarium 模拟星空（星系）

五、活动提示

（1）Stellarium 可以演示白天的星空，点击其中的大气按钮，去掉大气层，就可以看到白天的星空是什么样。

（2）在 Stellarium 中可以导入最新的小行星、彗星轨道数据，为你预测出最新的小行星、彗星轨道位置。

（3）将天文望远镜与计算机相连，还可以用 Stellarium 控制望远镜指向你需要观测的天体。

六、任务活动

在电脑上打开 Stellarium，时间设置到今晚 8:30，把今晚的星空模拟图截屏并打印出来。如果你在手机上安装了 Stellarium，也可以直接带手机，在晚上对照 Stellarium 仔细辨认"阅读与思想考"中学到的星座。

Aquarius
Scorpio
Taurus
Libra
Virgo
Leo
Capricorn
Libra
Pisces
Aries
ancer
Gemini

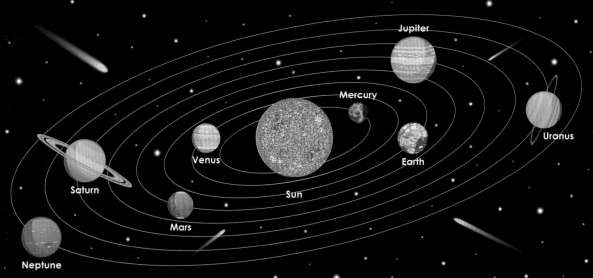

SOLAR SYSTEM

第四章　太阳系趣闻

阅读与思考

在太阳系的众多星球中为什么只有地球上繁衍出现了智慧生命?

第一节　太阳奥秘

一、太阳系的家长

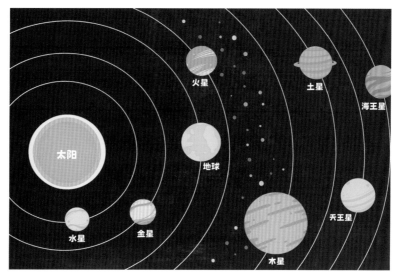

图 4-1　太阳系

太阳是太阳系的中心天体，它的直径有 140 万千米，所以太阳的体积非常巨大，约是地球的 130 万倍。太阳的质量也非常巨大，约为地球的 33 万倍，太阳集中了太阳系 99.86% 的质量，所以它才能有强大的引力把八大行星、矮行星和其他众多太阳系小天体紧紧束缚在身边，不让它们飞出太阳系。

二、太阳的结构

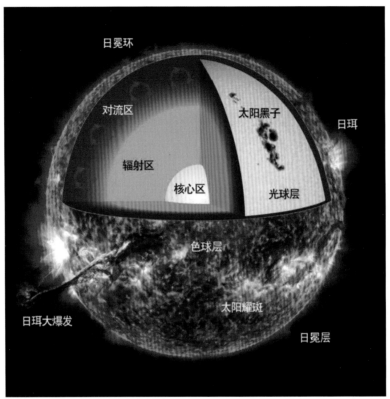

日冕环
对流区
太阳黑子
日珥
辐射区
核心区
光球层
色球层
太阳耀斑
日珥大爆发
日冕层

图 4-2　太阳的结构

太阳大气

我们观测太阳，看到的太阳表面称为"光球层"，光球层很薄，但它的温度很高，约有 5500 摄氏度，我们看到的太阳光几乎全是由光球层发出的。

从光球层开始往外是太阳的大气层，光球层之外是色球层，色球层的温度比较低，只有约 4200 摄氏度，所以它的亮度只有光球层的几千分之一，我们只有用专门的太阳色球望远镜才能看到色球层。但如果发生日全食，明亮的光球层被月球挡住了，我们也能看到色球层。

色球层之外是太阳大气的最外层，叫"日冕"，延伸到几倍太阳半径甚至更远，日冕物质极其稀疏，但温度却高达几百万摄氏度。对于为什么高温的日冕包围着低温的色球和光球，科学家们还没有找到确切的答案。

日冕太热了，所以到了一定距离，日冕中的气体便会炽热得足以摆脱太阳的引力而外流，这样就形成了"太阳风"。

太阳内部

光球层以内属于太阳的内部，太阳内部从里向外分为三个层区：核反应区、辐射区、对流区。

核反应区是太阳能源产生的地方，这里的温度高达1500万摄氏度，在这里进行着一种由 4 个氢原子核聚变成 1 个氦原子核的反应。这种反应释放的能量非常惊人，每一秒钟，太阳上的核反应产生的能量相当于 100 亿颗 100 万吨级的原子弹爆炸所放出的能量，而太阳已经像这样稳定地"燃烧"了 46 亿年之久！

核反应区产生的能量会经过辐射区和对流区向外传递到光球层再向外传递，辐射区很厚，温度有 700 万摄氏度左右，对流层只有 200 万摄氏度。在对流层，太阳的物质会大规模地上下翻涌，产生对流现象。

三、太阳活动

太阳黑子

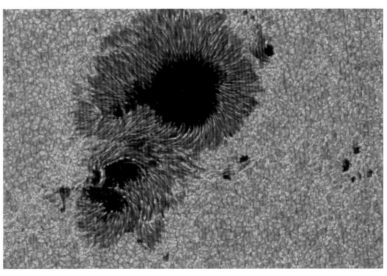

图 4-3　太阳黑子

在太阳表面（光球层）时不时会出现一些黑色的区域，时大时小、时多时少，它们是太阳上温度比较低的区域，这些黑色的区域就是"太阳黑子"。太阳黑子只有 4000 摄氏度左右，比周围光球层明亮的区域低了 1000 多摄氏度。

耀斑

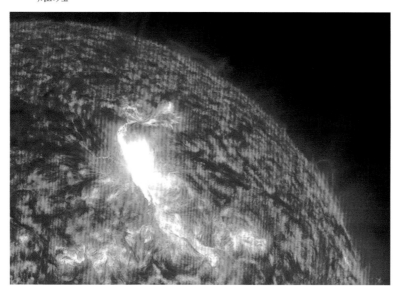

图 4-4　耀斑

有时，观测太阳色球可以看到色球的某些地方会急骤增亮 10 倍以上，这种现象称为"耀斑"，耀斑是太阳高层大气（很可能是在色球—日冕过渡区或低日冕）的一种急骤不稳定过程，在短时间（几分钟到几十分钟）内释放出很大的能量。许多耀斑都常常出现在太阳黑子的区域。

日珥

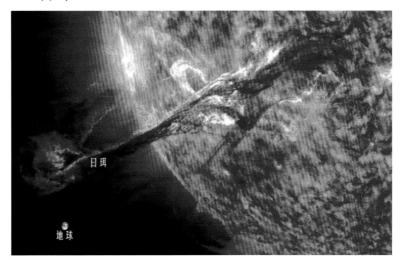

图 4-5 日珥

日珥是突出日面边缘的一种太阳活动现象，看起来像太阳上喷出的"火焰"，这个"火焰"有多种形态：浮云、喷泉、圆环、拱桥、火舌等。日珥主要存在于日冕中，其下部常与色球层相连。

太阳打喷嚏，地球抖三抖

太阳活动对地球会造成显著的影响，有些甚至还是灾难性的：

1989年3月6-19日，太阳爆发了大耀斑，造成了全球无线电通信异常，轮船、飞机导航系统失灵，美国和加拿大北部电网烧毁。

2003年10月下旬到11月中旬，一系列太阳爆发事件造成卫星、通信、导航、地面电力设备破坏，我国北方短波通信也受到严重干扰。

第二节　八大行星

　　按照从太阳由近及远的顺序，太阳系的八颗行星依次是水星、金星、地球、火星、木星、土星、天王星、海王星。

　　其中，水星、金星、地球、火星这四颗行星的体积小、质量小、平均密度大，与地球非常相似，所以把它们统称为"类地行星"。木星、土星、天王星、海王星四颗行星的体积大、质量大、密度小，与木星非常相似，所以统称为"类木行星"。

一、水星

图 4-6　水星

水星是离太阳最近的行星，它离太阳只有 0.4 天文单位（"天文单位"是天文学中的距离单位，大致为地球到太阳的平均距离，1 个天文单位 ≈ 1.5 亿千米），所以在地球上观察水星，它总不会离开太阳很远，我们只能在黎明或黄昏观测它。水星因为离太阳特别近，而且它没有大气，所以水星上白天的温度高达 420 多摄氏度，晚上则低到零下 170 多摄氏度。水星上面布满了环形山，特别像月球。

二、金星

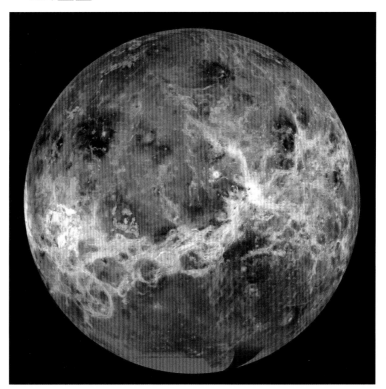

图 4-7　金星

金星是夜空中最亮的行星，它有浓厚的大气，但主要是由二氧化碳组成，所以金星上的温度高达近 500 摄氏度，金星大气中还有硫酸云层，时不时会下硫酸雨，环境特别恶劣。

在金星上我们还能看到一个太阳系中独一无二的现象——太阳从西边升起，这是由于金星的逆向自转（自东向西自转）造成的。

三、地球

图 4-8　地球

地球在太阳系中拥有最适宜生命生存和繁衍的环境，地球距离太阳有 1.5 亿千米，不近也不远，所以地球不像金星、水星那样热，液态水能存在。地球的大气含有 78% 的氮气、21% 的氧气和其他少量气体，非常适宜生命生存。

地球的内部从内到外分为地核、地幔、地壳三部分，这个结构像一枚鸡蛋。地核如鸡蛋的蛋黄，地核由铁、镍等重元素构成，外核是液态的，内核是固态的，地心的温度非常高，有 6000 摄氏度。地幔像鸡蛋的蛋白部分，地幔很厚，大约有 3000 千米。地壳则像鸡蛋的蛋壳，地壳很薄，平均厚度只有几十千米。

四、火星

图 4-9　火星

　　火星在很多地方与我们的地球有很大的相似性，如火星的自转周期是 24.6 小时，火星也像地球一样有四季变化。使用一台业余天文望远镜你就能看到火星上的极冠——由水冰及干冰组成，极冠会随着火星上季节的变化而增大或减小。

　　很多的观测证据证明火星上存在水，它们主要存在于火星表面下的冻土层中，少量存在于极冠。火星表面温度在夏季中可能会达到 20 多摄氏度，适宜的温度和水的存在为将来人类移居火星提供了可能。

五、木星

图 4-10　木星

　　木星是太阳系中最大的行星，木星的体积约是地球的 1400 倍。木星虽然很巨大，但它并不是像地球一样主要由岩石组成，木星是一颗气态行星，主要由氢和氦组成，科学家们还推测木星可能有一个岩石核心。望远镜中的木星最引人注目的是它的大气上一系列亮带和暗带环绕整个行星，以及"大红斑"——一个巨大的风暴，大红斑自发现以来 300 年都没有明显的衰减。

六、土星

图 4-11 土星

　　土星是太阳系里最美丽的行星，因为它带有一个美丽的光环，伽利略在 1610 年首次看到了土星光环，在业余天文望远镜中我们还能看到光环之中的环缝，其中最著名的是"卡西尼环缝"。土星还有一个非常有趣的事实，它的平均密度非常小，甚至小于水的密度，这意味着如果太阳系有一个巨人的海洋，把土星扔进去，它便可以漂浮在水面上，但我们去哪里找这么大的海洋呢？

七、天王星和海王星

图 4-12 天王星

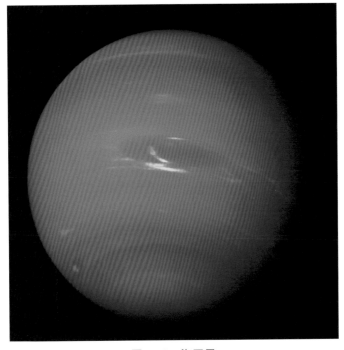

图 4-13 海王星

天王星在行星中非常特殊，因为它是"躺着"旋转的——天王星的自转轴斜得太厉害了，几乎与地球的轨道面重合。

海王星则在天文学史上意义非凡，因为它是第一颗被"算"出来的行星。天文学家们先通过分析天王星运动的异常，而后利用天体力学推算出必然有一颗大行星影响天王星的运动，还准确算出了它的位置，最后终于通过望远镜在计算的位置发现了海王星，所以说海王星是"笔尖下发现的行星"。

天王星和海王星都有神秘的蓝色，这主要是由它们大气中所含的甲烷而造成的。

第三节 矮行星及太阳系小天体

一、矮行星

图 4-14 冥王星

根据国际天文学联合会 2006 年的决议，"矮行星"指的是这样一类天体：它围绕太阳运行，近于球形，还未清空轨道附近天体，不是一颗卫星。冥王星是最早确认的矮行星，和冥王星一样同属于矮行星的还有阋神星、鸟神星、妊神星和谷神星。

二、太阳系小天体

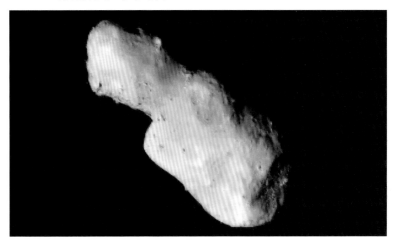

图 4-15　图塔蒂斯小行星（嫦娥二号　摄）

大多数的小行星集中于木星和火星之间的小行星带，许多的证据让天文学家相信这些小行星实际上是一直没成功凝聚形成一颗行星的原始岩石。虽然小行星带的小行星特别多（超过 70 万颗），但它们的总质量仍然很小，把所有小行星的质量加起来也没有月球的质量大。

图 4-16　彗星

彗星在接近太阳时受到太阳热量的炙烤会喷发出许多水汽和尘埃，从而逐渐产生彗发和彗尾，越接近太阳，彗星就会越明亮。彗尾有两种——离子彗尾和尘埃彗尾。一般把回归周期小于200年的叫作短周期彗星，回归周期长于200年的叫作长周期彗星。最著名的彗星要数哈雷彗星，每76年回归一次，哈雷彗星上一次回归是在1986年，下一次回归预计在2061年。但也有的彗星接近太阳一次之后就永远地离开了太阳系不再回归了，它们叫作"非周期彗星"。

图 4-17 流星雨（刘成山 摄）

每个晴朗的夜晚，只要耐心守候，总能看到天上偶尔有流星滑落，它们叫作"偶现流星"，来自太阳系中游荡的小流星体，但在一年的某些时候会集中出现大量的流星，叫作"流星雨"，流星雨中的流星都叫作"群内流星"。流星雨一般由彗星（或少数小行星）产生，彗星在回归的途中会散落在轨道上许多的碎片，当地球经过这些碎片集中的区域时就会形成流星雨，所以流星雨有一定的周期，北半球最著名的是三大流星雨——象限仪座流星雨（1月）、英仙座流星雨（8月）、双子座流星雨（12月），这三大流星雨每小时的最大流星数都在100颗以上，绝对值得观测！

由下面天文实验的观测资料，我们能得到什么科学信息？

天文探究活动一：观测太阳、月球、大行星

一、活动目的

（1）通过活动掌握太阳、月球、大行星的观测方法。

（2）能根据不同的观测目标灵活选择观测仪器、制定观测计划。

二、活动背景知识

1. 观测太阳需要减光设备

太阳光很强烈，如果不加减光设备而直接通过天文望远镜观测太阳极容易灼伤人的眼睛，对人的眼睛造成永久的伤害，所以为了安全地观测太阳，一定要在天文望远镜上加减光设备。常用的是巴德膜、赫歇尔棱镜，也可以直接使用日珥镜。

图 4-18　巴德膜

图 4-19　赫歇尔棱镜

图 4-20　日珥镜

2. 观测月球的最佳时机

千万别认为满月是观测月球的最佳时机！相反，天文爱好者们都很不喜欢满月，满月太亮了，使得即使是小口径的望远镜在观测满月时都会让人感觉很刺眼，另一个重要的原因是满月时很难看清楚月面上环形山、山峰等的细节。

最适合观测月球的时机是农历初七前后，此时月球大约有一半被照亮（上弦月），观测时不会显得很刺眼，在月球上黑夜与白天的分界线正对着地球，阳光的照射使得环形山、山峰等出现很长的影子，月面各特征都比较明显。而且初七前后月亮在上半夜高挂天空，所以非常适宜观测。

3. 视宁度、大口径、长焦距——行星观测的三要素

也许你能很轻松地用天文望远镜找到大行星，但要想看清楚大行星表面的细节就没那么容易了，拥有良好的大气宁静度（视宁度）、尽量大的望远镜口径、尽量长的望远镜焦距，你就能尽情欣赏行星的美景。

大气里面如果热湍流很多就会导致观测时行星的细节变得模糊，此时即使天气晴朗、万里无云，我们也仍然说大气的"视宁度"比较差，而一年中视宁度好的天数是极少的，所以一定要坚持观测。

木星、土星等大行星的细节都比较丰富，要想看清楚，一定要有分辨本领强的望远镜才行，而望远镜的分辨本领是与其口径成正比的，即一台口径越大的望远镜越能看清楚天体的细节。另外口径大的望远镜能收集到更多的光线，使你在观测时能看到相对较亮的成像。

要观测行星的细节就需要尽量高的倍数，长焦距的天文望远镜容易获得高倍数（回忆第二章中所讲的望远镜放大倍数的算法），虽然使用增倍镜也能延长焦距，但能不用最好就不用。

三、活动所需器材

（1）观测太阳：天文望远镜、巴德膜（或赫歇尔棱镜）、日珥镜。

（2）观测月球、行星：天文望远镜。

四、活动过程

1. 观测太阳

（1）安装器材：将赫歇尔棱镜代替天顶镜安装于天文望远镜上（如果没有赫歇尔棱镜可以使用巴德膜，但使用前一定要检查巴德膜是否漏光，确定安全了以后安装于望远镜物镜前端），拆下寻星镜连接好目镜、赤道仪（或经纬仪）。

（2）寻找太阳：将望远镜大致对着太阳，根据天文望远镜的影子手动调整望远镜，直到影子最小，再朝目镜内检查，太阳就接近目镜中心了，最后再进行微调，将像调于视场中央，调清晰。

（3）观测太阳：按一定的顺序仔细寻找太阳黑子，观察它们出现的位置、大小、形态，对于大黑子要仔细辨认它们的本影和半影。

2. 观测月球行星

（1）安装器材：将天文望远镜安装好，使用前使寻星镜光轴与主镜平行，开启跟踪。

（2）寻找月球或行星：如果手动寻星，先用寻星镜找到月球或行星，如果望远镜有自动寻星功能，也可以使用望远镜控制手柄或电脑直接 GOTO 到月球或行星。

（3）观测月球或行星：先使用低倍观测（选择长焦距的目镜），再使用高倍观测（更换短焦距的目镜），精细调焦，使成像最清晰为止，之后就可以仔细辨认月球或行星的细节。

五、活动提示

（1）使用巴德膜前必须检查是否漏光，可以将巴德膜盖在手电筒等强光前检查，而且即使使用了巴德膜、赫歇尔棱镜等减光设备，也不能长时间观测太阳。

（2）使用巴德膜（或赫歇尔棱镜）加一般天文望远镜的方法看到的是太阳的光球层，如果要观测日珥、色球层，就要使用专门的太阳色球望远镜（日珥镜）。

（3）一般而言，行星观测使用大口径反射望远镜或大口径折反望远镜较多，但当你使用折射望远镜观测时，能使你获得相对而言更为清晰锐利的像质。

六、任务活动

（1）选择一个晴天观测太阳黑子，练习使用巴德膜或赫歇尔棱镜观测太阳黑子，也可以使用日珥镜同时观测，对比不同观测器材下的太阳有什么不同。

（2）连续数个晴天持续观测月球或大行星，感受视宁度的变化和由此带来观测体验的不同，记录木星卫星和自转的变化，记录月相变化带来的月貌特征变化。

天文探究活动二：投影观测太阳黑子

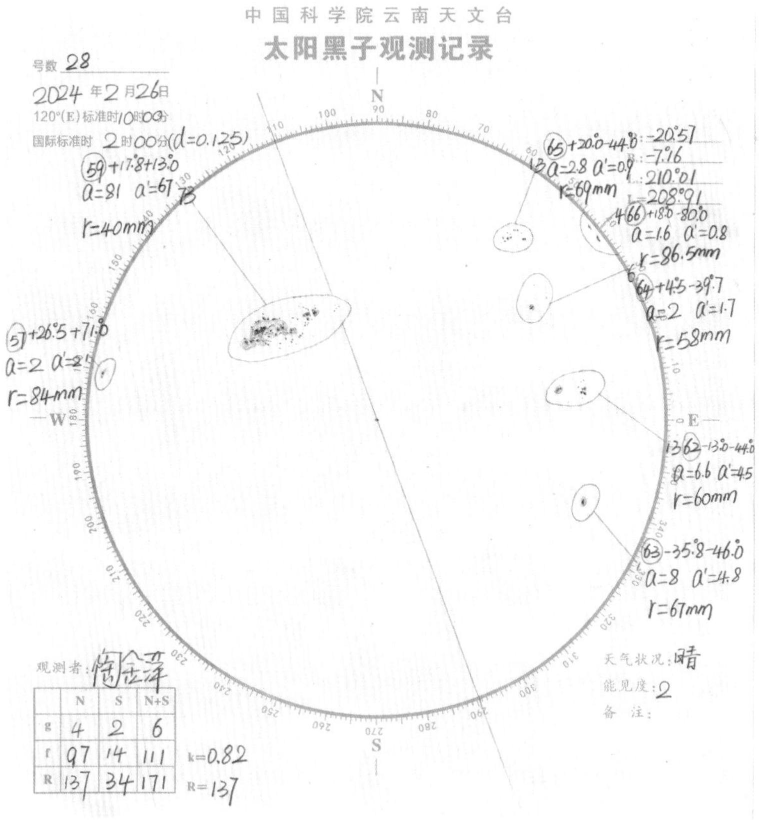

图 4-21　太阳黑子观测记录（陶金萍　绘制）

一、活动目的

（1）通过活动直观认识太阳黑子的大小、形态、变化、出现位置。

（2）掌握用投影方法观测太阳黑子并能正确绘制太阳黑子观测记录。

二、活动背景知识

观测太阳黑子的投影观测法

投影法也是安全的太阳黑子观测法，投影法不用加减光设备，将太阳像投影在一个白色投影屏上就可以对太阳黑子进行观测，虽然没有加减光设备，但因为投影到屏上的太阳像较大，使得被望远镜聚集的热量又分散在较大的面上，单位面积就不会那么热了。

三、活动所需器材

小口径折射式天文望远镜、带跟踪的赤道仪、太阳投影板、太阳黑子观测记录纸、铅笔等绘图工具。

四、活动过程

1.安装器材

图 4-22　安装器材

安装好赤道仪并对好极轴，拆下望远镜的寻星镜、天顶镜，安装一个焦距适宜的目镜，安装太阳投影板并将太阳黑子观测记录纸用小夹子夹在上面。

2.寻找太阳

将望远镜大致对着太阳，根据天文望远镜的影子手动调整望远镜直到影子最小，这时太阳就在投影屏上了。最后再进行微调，将太阳像调于投影屏中央，调清晰。

3. 调整投影屏距离与调焦

图 4-23　调整投影屏距离与调焦

前后移动投影屏，使太阳像的大小刚好套进观测记录纸的圆内，转动调焦旋钮使成像清晰。

4. 寻找东西方向

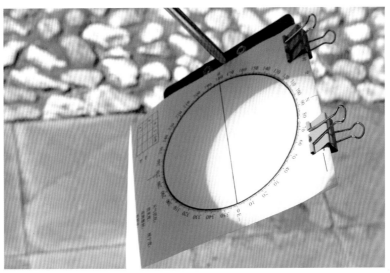

图 4-24　寻找东西方向

将一颗日面上的小黑子移动到太阳黑子观测记录纸的东西线上，关闭赤道仪跟踪，看黑子移动路径是否与东西线一致，如一致，太阳的位置就找对了，如不一致，就要旋转太阳黑子观测记录纸的方向，一直到黑子严格沿记录纸圆面的东西线移动为止。

5. 描绘太阳黑子

图 4-25　描绘太阳黑子

开启赤道仪跟踪，并操纵望远镜将太阳重新套回太阳黑子观测记录纸的圆内，用铅笔如实地描绘太阳黑子的位置、形态、明暗、大小，以及本影和半影，使用较硬的 2H 或 3H 铅笔描半影轮廓，HB 铅笔描本影轮廓。描绘每一枚黑子最好一笔勾画出来，将看到的黑子逐一描绘出来后还要再检查一下有没有遗漏未绘的黑子。在描绘时一定要注意只有当太阳像严格在记录纸圆面内才能进行描绘，如果因为跟踪不准而出现移动就要停止描绘，重新用记录纸的圆套住太阳像再继续描绘。

太阳黑子绘制完成后将描绘图取下，将本影轮廓内涂黑，使本影和半影轮廓清晰，层次分明。在观测记录纸上记下观测时间（取描绘开始至结束的中间时刻作为这一张图的观测时刻）、天气状况、能见度等信息。

五、活动提示

（1）关闭赤道仪跟踪后，太阳（及其黑子）移动的方向并不是太阳的东西方向，实际上是地球的东西方向，因为关闭赤道仪跟踪后，太阳（及其黑子）的移动是地球自转的反映。

（2）投影观测时目镜端会聚集大量的太阳热量，所以应选择使用金属目镜，而且为了保护天文望远镜，也不能观测太长时间。

（3）国内各天文台的太阳黑子观测用图纸中，日面像的直径为17.4厘米，但在业余观测活动中应当根据你的观测太阳的天文望远镜、太阳投影板的实际情况及活动需求设计太阳黑子观测记录纸，如果器材情况允许，应尽可能将观测记录纸上代表太阳像的圆设计得大一点。

六、任务活动

使用投影法观测太阳黑子并绘制黑子图，尽量准确地绘制出黑子的位置、大小、形态，注意不要画漏小黑子，可采用隔天观测的方式持续观测尽量长的时间（比如一年或半年），积累足够的观测资料后进行科学的分析。

天文探究活动三：观测流星雨

图 4-26　2023 年双子座流星雨中的流星（张卫国　摄）

一、活动目的

（1）通过活动，学习流星雨的基础知识。

（2）在活动中掌握判断群内流星和偶发流星的方法。

（3）初步掌握科学记录流星雨的方法。

二、活动背景知识

1. 流星雨的辐射点

当密集成群的流星体冲入大气层形成流星雨时，它们的运动方向本来是平行的，但由于"透视"效应，看起来好像从一点（或小区域）辐射出来，这一点（或小区域）称为辐射点。

2. 流星雨的命名

流星雨通常以其辐射点所在的星座或附近恒星来命名，如猎户座流星雨等。

3.ZHR（天顶每时出现率）

ZHR（天顶每时出现率），代表辐射点位于仰角90°的天顶，附近无山、无云、无遮挡，全天百分之一百能见视野，天空中也没有任何光污染，肉眼可以看到6.5等星的理想情况下，观测者可以看见的最多流星数。这是一种理想状态，所以实际观测时看到的流星数一般都会比流星雨的ZHR值少。一般流星雨的ZHR都很小，但三大流星雨（英仙座流星雨、象限仪座流星雨、双子座流星雨）都超过了100。

三、活动所需器材

根据国际流星组织（IMO）的要求，应该直接用眼睛来做目视观测，如果要记录的话就准备记录纸、星图、钟表、红光手电、笔（或录音设备）。

四、活动过程

观测流星雨活动

（1）观测地点：选择尽量空旷、四周遮挡少、安全并且光害少的地方。

（2）观测准备：夏天观测注意防蚊，冬天观测注意防寒。观测前要提前了解观测的流星雨辐射点所在星座何时升起以及月相情况，如果月光干扰过大就应该取消观测或等月球下落后再观测。有条件的准备一把舒服的躺椅，如果要进行记录，还要准备好红光手电及其他记录用品。

（3）记录内容：如果要记录观测内容，应该记录下当晚的天气情况、极限星等（肉眼能看到的最暗星等）、观测地点经纬度、准确记录观测时间，包括开始时间、结束时间，以及观测的有效时间（观测总时间减掉休息时间和因记录而中断守望天空时间后的剩余时间）等。

做流星雨观测，一般用笔或录音的方式口述记录下如下观测结果：

①流星或流星雨出现的时刻、持续时间；

②流星的亮度估计，即星等；

③流星的颜色；

④流星出现点、消失点的坐标（可同时描绘在星图上）；

⑤视场中心位置（可用视场中心的星座或恒星的名称表示）。

图 4-27　观测流星雨活动

五、活动提示

（1）观测流星雨时不要只把目光盯住辐射点，要注意辐射点周围较大范围的天区。

（2）注意每个人独立观测，不要相互交流，要如实记录所观测到的一切。

（3）注意区分流星雨内的流星和偶发流星。沿流星路径反方向做延长线，看它是否通过辐射点，如果通过则属于流星雨，否则就是群外流星。

（4）如果发生火流星（比金星还亮）或有余迹的流星，要仔细记录并注意观察流星余迹，记录其持续时间。

六、任务活动

欣赏流星雨美景的同时来一次科学的记录吧！查阅今年的天象预报，选择最近的一次大流星雨进行观测并记录观测结果，掌握流星雨的观测方法。

主要流星雨一览表

流星雨名称	活动日期	极大	ZHR	起源母体
象限仪座流星雨	1月1日至1月5日	1月3日	120	2003EH1 小行星（可能）
天琴座流星雨	4月16日至4月25日	4月22日	15	C/1861G1 彗星
宝瓶座 η 流星雨	4月19日至5月28日	5月5日	60	哈雷彗星
南宝瓶座 δ 流星雨	7月12日至8月19日	7月28日	25	—
英仙座流星雨	7月17日至8月24日	8月12日	110	斯威夫特·塔特尔彗星
天龙座流星雨	10月6日至10月10日	10月9日	变化	雅科比尼 - 泽诺彗星
猎户座流星雨	10月2日至11月7日	10月21日	20	哈雷彗星
南金牛座流星雨	10月1日至11月25日	11月5日	5	恩克彗星
北金牛座流星雨	10月1日至11月25日	11月12日	5	恩克彗星
狮子座流星雨	11月14日至11月21日	11月17日	变化	坦普尔 - 塔特尔彗星
双子座流星雨	12月7日至12月17日	12月13日	120	(3200)Phaethon 小行星

注：本表中各流星雨的活动时间、极大日期、ZHR 每年可能略有不同，各流星雨每年的准确情况可到国际流星组织网站查询。

Aquarius
Scorpio
Taurus
Libra
Virgo
Leo
Capricorn
Libra
Pisces
Aries
Gemini

第五章　宇宙的信使——陨石

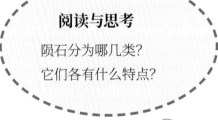

阅读与思考

陨石分为哪几类？

它们各有什么特点？

第一节　惊天动地的爆炸

一、俄罗斯车里雅宾斯克陨石雨降落事件

图 5-1　车里雅宾斯克陨石雨降落事件

　　2013 年 2 月 15 日中午，俄罗斯车里雅宾斯克州的人们像往常一样地工作、生活。当人们觉得这又是毫不起眼的一天时，所有人都没想到随后却在身边发生了震惊世界的天地大冲撞事件。

　　12 时 30 分左右，人们惊奇地抬头看到一颗耀眼的火流星伴随着阵阵轰鸣声闯入俄罗斯车里雅宾斯克州上空。原来，这是一颗小行星闯入了地球大气层，小行星在空中发生了爆炸，这一爆炸释放的能量太大了，相当于 20 颗原子弹同时爆炸释放的能量！强烈的爆炸造成 1500 多人受伤、7000 多栋建筑物受损，形成了大规模的陨石雨。陨石碎片还将车巴库尔湖上的冰撞出了一个直径 6 米的大洞，科学家们随后从湖底打捞出了一颗长约 1 米，重约 540 千克的大陨石，在陨石雨降落的很大一片范围内都寻获了很多大小不一、表皮黝黑的陨石个体。

图 5-2　Chelyabinsk（车里雅宾斯克）陨石个体

二、天下第一"坑"和 Canyon Diablo 铁陨石的故事

图 5-3　巴林杰陨石坑

　　在地球的历史上，还发生过比车里雅宾斯克陨石雨降落事件威力更大的小行星撞击事件。

　　约 5 万年前，一颗直径近 50 米，重量近 30 万吨的金属小行星碎片毫无征兆地撞击了美国亚利桑那州北部。爆炸的能量高达 150 倍广岛原子弹的威力，爆炸过后形成了一个留存至今的巨大陨石坑，现在这个陨石坑的直径是 1.2 千米，深约 170 米，这是目前地球上最大的、保存最完好的陨石坑。

　　人们在坑体周围发现了很多天然的铁块，后来人们才发现这些铁块不是地球上自然形成的，而是从天上掉下的铁块，人们叫它们 Canyon Diablo（代亚布罗峡谷）陨石。这个陨石坑也被命名为"巴林杰陨石坑"，现在成了美国一个著名的旅游景点。

图 5-4　Canyon Diablo 陨石（王建红　摄）

第二节　陨石的前世今生

一、什么是陨石

在太空中飘荡着许许多多大小不一的石头，它们有的是太阳系形成后剩余的"残渣"，有的是一些倒霉的行星、小行星被其他天体撞出来而形成。当它们运行到地球附近时如果被地球引力抓住了就会以很高的速度闯入地球大气层，产生1000摄氏度以上的高温，这样的高温连石头都会燃烧起来，有的石头小，很快就烧完了，有的比较大，没烧完落到地面上了就形成了陨石，陨石常常以降落处或发现处的地名命名。2013年2月15日降落在俄罗斯车里雅宾斯克州的陨石也因此统一被称为"Chelyabinsk"（车里雅宾斯克）陨石。

二、陨石大家庭

陨石主要来自火星与木星之间的小行星带，也有一些来自月球和火星，降落在地球上的每一颗陨石都可以归到三个类别中，这就是石陨石、铁陨石和石铁陨石，而且我们可以根据它们的特征识别它们。

1.数量最多的陨石——石陨石

图5-5　Allende（阿连德）陨石（原石）（王建红　摄）

石陨石是数量最多的一类陨石，超过90%的陨石都是石陨石。为什么要叫它们为石陨石呢？这是因为石陨石主要由石质的物质组成，分为球粒陨石和无球粒陨石，大多数的石陨石都是球粒陨石，只有很少的部分是无球粒陨石。

2."镜"中的绚丽世界

图 5-6　Allende（阿连德）陨石（切片）

图 5-7　Allende（阿连德）陨石（薄片）

如果把大多数的球粒陨石切开，就会看到表面有许多球粒和金属颗粒，这就是它们被称为球粒陨石的原因，地球上的石头是不会有这样的球粒和金属颗粒的，所以如果你看到一颗石头内部有球粒和金属颗粒，那毫无疑问，它一定是一颗陨石。

如果进一步把球粒陨石磨成 0.03 毫米厚的薄片放在一种特殊的显微镜——偏光显微镜下观察，我们就会看到一个绚丽多彩的世界，各种形态的球粒和矿物呈现出五颜六色的美景，像极了一个美丽的万花筒，令人惊叹！

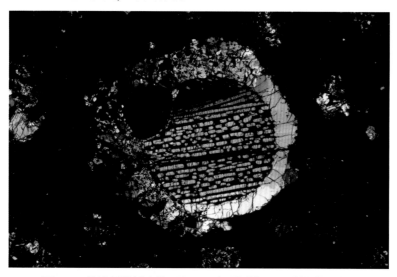

图 5-8　偏光显微镜中的 Allende（阿连德）陨石球粒（薄片）

图 5-9　偏光显微镜中的 Chelyabinsk（车里雅宾斯克）陨石球粒（薄片）

图 5-10　稀有而珍贵的 Tissint 火星陨石

图 5-11　NWA11303 月球陨石

　　然而并不是所有石陨石都有球粒，比如无球粒陨石就没有球粒，来自月球、火星和灶神星的陨石都是这样没有球粒的陨石，这样的陨石往往比较稀有和昂贵。

人类第一次成功预报（并回收）的小行星撞击地球事件

图 5-12　2008TC3 小行星尾烟和 Almahata Sitta 陨石

2008 年 10 月 6 日早上，天文学家发现太空中一颗像一辆 SUV 汽车大小的小行星（2008TC3）正以每秒 6 千米的速度向地球飞驰而来，计算表明该小行星将会在 10 月 7 日 2 时 46 分在苏丹北部上空进入地球大气层。2008TC3 小行星按照天文学家预计的时间准时到达地球，并在距地面 37 千米的高空发生了爆炸，黎明前的黑暗被爆炸产生的火球及伴随的强光瞬间撕裂了，天空中还留下一缕蜿蜒的尾烟。

后来的地面搜寻中共找到 600 多块陨石，这些陨石被命名为"Almahata Sitta（第六站）"。这是人类天文学家第一次成功发现、跟踪、准确预报撞击时间和撞击地点并成功回收小行星碎片的案例，在科学史上具有重大意义。

3. 天降玄铁——铁陨石

图 5-13　Sikhote-Alin（阿林）陨石和主题邮票（王建红　摄）

1947 年 2 月 12 日，俄罗斯西伯利亚降落了一场史上最大的目击铁陨石雨——Sikhote-Alin（阿林）铁陨石雨。这场壮观的陨石雨正好被一位俄罗斯画家看到，他激动得拿起画笔描绘下陨石坠落的情景，后来这幅画还被印在了俄罗斯的邮票上公开发行。

4. 独特的纹路

铁陨石，顾名思义，主要由铁质的金属物质组成，但除了铁之外，其中还有一种叫作"镍"的金属也是铁陨石的主要成分，铁陨石比石陨石少得多，只占陨石总数的 4.6%。如果把大多数的铁陨石切开，用特殊的液体对切面进行腐蚀（酸洗），切面就会逐渐浮现出许多或粗或细、纵横交错的美丽纹路——维斯台登构造，同样，这样的纹路也是地球上的石头所没有的，所以维斯台登构造像"身份证"一样证明着铁陨石的身份。

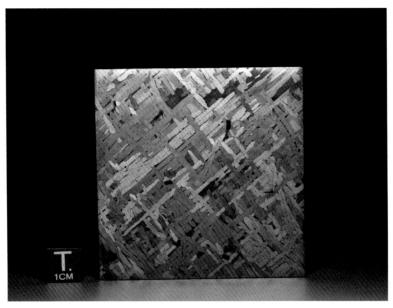

图 5-14　Yape York 铁陨石和它的维斯台登构造（王建红　摄）

图 5-15　Canyon Diablo 铁陨石和它的维斯台登构造

5. 稀有而美丽的陨石——石铁陨石

图 5-16　Seymchan 橄榄陨铁（王建红　摄）

图 5-17　Bondoc 中铁陨石

如果一颗陨石中石质矿物和铁镍金属各占差不多一半，这样的陨石就叫石铁陨石，石铁陨石是陨石中最少的一类，只占陨石总数的 0.6%，分为中铁陨石和橄榄石—石铁陨石（也叫"橄榄陨铁"）。

橄榄陨铁几乎是最漂亮的陨石，如我国新疆的 Fukang（阜康）橄榄陨铁，在银白色铁镍金属中分布着黄绿色的橄榄石，如一颗颗美丽动人的星星镶嵌在天幕上。

中铁陨石虽然不如橄榄陨铁那么漂亮，但它却非常稀有，所以也是很珍贵的陨石。

三、从太阳系的形成说起——陨石为什么会分成三大类

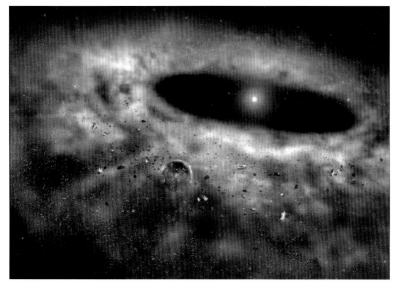

图 5-18 太阳系的形成

约 45.67 亿年前，太阳系刚刚形成，在随后的几亿年中，太阳系到处在发生频率远超现在的撞击事件，许多行星或小行星刚形成不久就因受到猛烈撞击而破碎。如果演化出铁镍核心的行星或小行星破碎了，破碎星体的石质外部就形成石陨石（无球粒陨石）的母体，铁镍核心形成铁陨石的母体，石铁混合部位则形成石铁陨石的母体，还有一些没有演化出铁镍核心的行星或小行星破碎后就形成石陨石中球粒陨石的母体。

这些碎片在太空中游荡数千万年甚至上亿年之后，有的被地球引力捕获从而坠落在地球上就形成石陨石、铁陨石和石铁陨石。所以每一颗陨石都很古老，它们携带着 40 多亿年前太阳系的信息，是太阳系的考古样品呢！

实践与探究

我们可以从哪些方面探索陨石?

天文探究活动: 从外到内探索陨石

图 5-19 微观陨石世界 (王建红 摄)

一、活动目的

(1) 直观认识陨石的熔壳,对比新鲜和风化熔壳的不同。

(2) 直观认识球粒陨石内部的球粒、金属颗粒、基质等。

(3) 会使用偏光显微镜观察陨石薄片,并能简单辨认橄榄石球粒、辉石球粒、金属颗粒。

二、活动背景知识

1. 陨石的外部特征

图 5-20　陨石

熔壳：刚降落的陨石表面会覆盖一层约 1 毫米厚的黑色外壳，叫作"熔壳"。这是由于陨石以高速闯入大气层中，与大气剧烈摩擦产生上千度高温从而将陨石表面熔化，在陨石减速冷却凝固后形成的。

气印：在一些陨石表面常能见到好似手指按在面团上形成的凹坑一样的特征，它们叫作"气印"，是由气流冲击熔化的陨石表面而形成。

2. 球粒陨石的岩石学类型

图 5-21　2 型陨石（张春亮　摄）

图 5-22 3 型陨石（张春亮 摄）

图 5-23 4 型陨石（张春亮 摄）

球粒陨石在刚形成时是有非常完整的球粒的，但形成后可能会受到水的侵蚀或热变质的影响从而使球粒的形态、数量、完整度发生改变，因而被分成 6 种类型（有的科学家已将分类扩展到 7 种）。其中球粒最完整、球粒数量最多的被称为 3 型球粒陨石，从 3 型到 6 型，球粒完整的越来越少，到 6 型已很难找到球粒了，而 2 型的球粒也比 3 型少，1 型则完全没有球粒。

3. 铁陨石的维斯台登构造

大多数的铁陨石都有维斯台登构造，它们是破碎小行星铁镍内核大约 100 万年冷却 1 摄氏度而自然形成的。有的铁陨石维斯台登构造纹路很宽，有的很窄，这主要是它们镍含量不同而造成的。

三、活动所需器材

各类型陨石原石、切片标本，不同岩石学类型的球粒陨石薄片、偏光显微镜、放大镜。

四、活动过程

1. 陨石外部特征观察

图 5-24　陨石外部特征观察

观察石陨石、铁陨石、石铁陨石原石标本的外表，注意其是否有气印、熔壳，观察不同风化程度熔壳的不同。

2. 内部特征观察

使用放大镜仔细观察各类陨石的切片，石陨石要观察基质的颜色，寻找里面的金属颗粒、球粒，注意它们的大小、形态、数量。铁陨石注意看它的维斯台登构造的粗细、形态。石铁陨石注意观察它的金属部分和石质部分的异同，以及橄榄石的颜色、分布情况。

3. 球粒陨石薄片观察

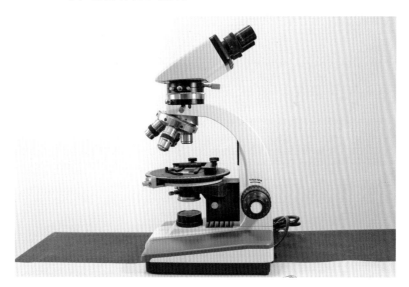

图 5-25　偏光显微镜

使用偏光显微镜在老师的指导下观察陨石薄片，并能简单辨认橄榄石球粒、辉石球粒、金属颗粒。

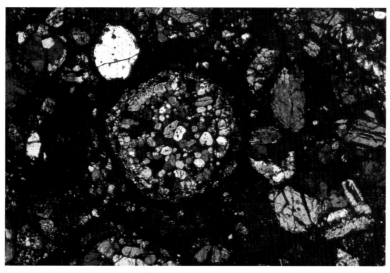

图 5-26　橄榄石球粒（西北非球粒陨石）（王建红　摄）

图 5-27　辉石球粒 (吉林陨石) (王建红　摄)

五、活动提示

（1）收集尽量多的不同类型的陨石标本进行观察才能进行对比，寻找其中的相似性从而得出规律。

（2）使用偏光显微镜要在老师的指导下调整到正交偏光下观察。

六、任务活动

（1）科学记录观察结果：观察各类陨石标本，记录下你观察到的信息，并比较不同类型陨石间的异同。

陨石类型	石陨石	铁陨石	石铁陨石
质量			
外部特征			
内部特征			
你发现了什么			

（2）请通过查阅资料和分析讨论的方式探究一下，本地是否容易找到陨石？

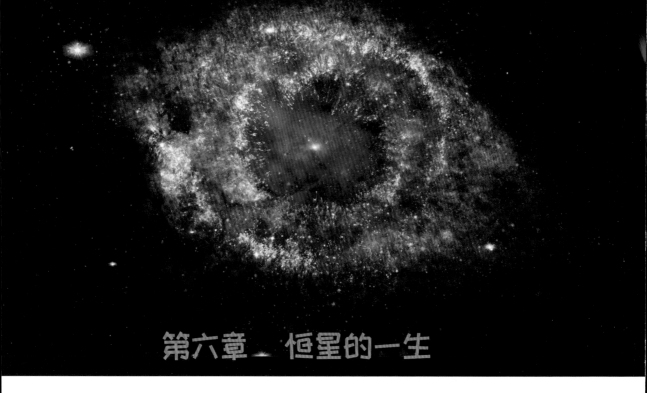

第六章　恒星的一生

阅读与思考

我们的太阳是怎样诞生的?

它的结局会是什么样子?

第一节　恒星的诞生与成长

一、恒星宝宝——星云收缩阶段

图 6-1　猎户座大星云 M42

宇宙空间中有许多非常稀薄的星际物质充满其中，有的地方星际物质比较多就会形成星云，星云的主要成分是两种物质——氢和氦，这是宇宙中最多的物质。有的星云因为某些原因会塌缩成密度更大而体积更小的星云，然后星云就这样不停地"收缩—分裂"，这样的"收缩—分裂"过程可能会持续多次，直到团块达到一定质量时，团块就不再碎裂，而是聚拢，这样就形成了恒星形成前的天体——原恒星。原恒星还不是一颗真正的恒星，它只是"恒星宝宝"而已。

二、即将成年——原恒星阶段

图 6-2　原恒星（概念图）

　　原恒星形成后还要继续收缩，因为在不断收缩，所以其核心在不停地聚集热量，原恒星周围有由尘埃物质组成的薄而宽大的"星周盘"，未来的行星就在其中诞生。

　　宇宙中很多星云都是恒星的"孵化场"，著名的猎户座大星云（M42）就是一个离我们较近的恒星孵化场，天文学家在其中观测到了许多即将形成的恒星。

三、真正的恒星——主序星阶段

图 6-3　太阳（主序星）

星云塌缩到原恒星阶段之后还会继续塌缩并不断聚集热量，当中心区的温度达到 700 万摄氏度时，恒星中心就像有很多很多的氢弹同时爆炸般释放出巨大的能量，这种释放能量的方式叫作"热核反应"，此时的恒星像一团不断燃烧着的大火球，它的"燃料"就是"氢"，燃烧的"灰烬"就是"氦"。这时原恒星不再收缩而达到稳定的状态，一颗真正的恒星就形成了，这时恒星就叫作"主序星"，太阳目前就演化到主序星阶段。

主序星是恒星一生最主要的阶段，大约占恒星寿命的 80%。然而一颗恒星停留在主序星阶段的时间是不一样的，小质量的恒星停留的时间长，我们的太阳在主序星阶段已有约 46 亿年了，它在主序星阶段大约会停留 100 亿年。如果是大质量的恒星，比如一颗恒星如果质量是太阳的 15 倍，那么它只能在主序星阶段停留 2000 万年。

第二节 恒星的终结

一、像太阳一样的小质量恒星的归宿

红巨星

图 6-4 红巨星（概念图）

我们的太阳已经稳定地"燃烧"了 46 亿年，因为有太阳这样稳定地燃烧，所以我们的母亲星球——地球上才能演化出一个生机勃勃的世界，甚至在这个世界中还进化出了智慧生命——人类。但即使是太阳，也无法永恒存在，科学家用科学理论计算出，在 50 亿年后（即主序星阶段结束后），太阳核心区的氢就将烧完，之后它的核心就将收缩，表面温度降低，外壳膨胀。到那时，如果你在几光年外的太空中看我们的太阳，将会发现太阳的颜色变红了，因为它到达了"红巨星"阶段，太阳（以及质量和太阳差不多的恒星）在主序星阶段结束后都将演化成红巨星。

当太阳变成红巨星之后……

50 亿年后，太阳就将演化成红巨星，它的体积不断膨胀，达到现在的1000万倍！这样剧烈的膨胀使太阳的表面温度下降到2600摄氏度左右。虽然表面温度下降了，但太阳辐射出的总能量却大大增加了，太阳每秒辐射出的总能量（总光度）将达到现在的 2000 倍以上，强烈的太阳风将带走大量的太阳物质，我们的太阳将损失约 30% 的质量，因为质量流失太多使得太阳对行星的控制能力减弱了。很幸运，我们的地球的轨道会比现在远离太阳，这使我们的地球可以躲过被太阳吞噬的命运，但水星和金星就没那么幸运了，剧烈膨胀的太阳会很快将水星和金星吞噬并熔化。

尽管如此，我们也不能过于乐观，因为那时的地球与太阳几乎近在咫尺，太阳表面上千度的高温早已将地球的海洋全部蒸发，甚至许多物质都将熔化，地球的环境也许比现在的金星更加恶劣。如果人类文明能存在到那时，应该早已在宇宙中找到其他的家园，继续繁衍生息。

行星状星云

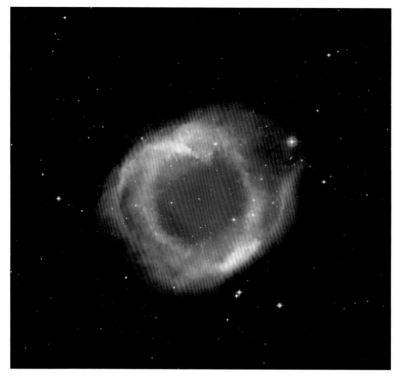

图 6-5　指环星云 M57

　　红巨星阶段在太阳的一生中只是很短暂的阶段，太阳到达红巨星阶段后，内核不再发生核反应，也不能再产生新的热量了，太阳的外壳也会被推入太空中慢慢地形成一种云雾状的天体——"行星状星云"。最著名的行星状星云是"指环星云"，它距离我们有 4900 光年。

白矮星

图 6-6 白矮星（概念图）

当演化到红巨星阶段的太阳把它的外壳推出形成行星状星云后，内核会逐渐演化成一种叫"白矮星"的天体，白矮星已经不产生核反应了，仅靠储存的热量发光，白矮星的密度大得惊人，相当于在比地球还小的体积内挤进了比太阳还大的质量。指环星云的中心位置就有一颗白矮星，在大犬座天狼星的旁边也有一颗白矮星，它是天狼星的伴星，但它离天狼星太近了，而且亮度远不如天狼星，所以要借助一台不错的天文望远镜才能看到它。

二、大质量恒星的结局

超新星

图 6-7　超新星（概念图）

　　恒星的演化会因为它的质量和成分的不同而不同，所以并不是每颗恒星的结局都和太阳一样，一颗恒星的质量如果大于 8 倍太阳质量就属于大质量恒星，大质量恒星的寿命非常短，有的大质量恒星在主序星阶段只能维持几百万年。大质量恒星的死亡非常壮烈，它们将经历超新星爆炸，超新星爆发时几乎能把自身完全炸毁，或只留下一个很小的内核，这样的爆炸会释放惊人的能量，亮度甚至堪比整个星系的亮度。

图 6-8　蟹状星云 M1 (公元 1054 年超新星遗迹)

　　在金牛座里就有一个超新星爆发的遗迹——蟹状星云，这颗超新星在1054年爆发，被我国当时宋朝的天文学家记录在了史书中，天文学家发现蟹状星云经历了 900 多年直到现在依然在膨胀。

中子星

图 6-9　中子星 (概念图)

大质量恒星经历超新星爆发后可能整个星体都爆碎了，也可能在中心会留下一些特殊的天体，中子星就是其中的一种可能。中子星和白矮星都属于体积小、质量大的星体，一般认为中子星的质量不会大于3倍太阳质量。但中子星的密度比白矮星的密度还要大。科学家发现了很多颗中子星，金牛座蟹状星云的中心就有一颗中子星，那是公元1054年记录的金牛座超新星爆发时留下的。

黑洞

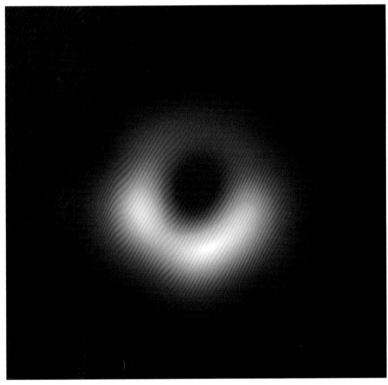

图 6-10　M87 星系中央黑洞（人类获取的第一张黑洞照片）

如果一颗大质量的恒星经历超新星爆发后留下的星体质量比中子星的质量极限还要大（大于3倍太阳质量），那么这颗星体就会被自身的万有引力无限地压缩，最终变成黑洞。

黑洞是一种引力很强的天体，任何物体（包括宇宙中速度最快的光）一旦落入黑洞将永远出不来。而且在黑洞的附近，时间会变得很慢很慢，有可能黑洞附近的一个小时就相当于地球上的数十年。

在宇宙中的很多地方都有黑洞存在, 银河系的中心就有一个超大黑洞, 它的质量约是太阳的 400 万倍。2019 年 4 月 10 日, 天文学家公布了第一幅拍到的黑洞照片, 这个黑洞在 M87 星系中, 质量非常惊人, 相当于 65 亿颗太阳的质量! 距离我们约有 5300 万光年!

实践与探究

怎样设计观测双星检测天文望远镜角分辨率的实验,使观测结果更准确?

天文探究活动: 利用双星检测天文望远镜的分辨角

图 6-11 天鹅座 β (辇道增七): 一对美丽而明亮的双星

图 6-12 天鹅座 β (辇道增七): 一对美丽而明亮的双星

一、活动目的

(1) 学习双星的有关天文知识，初步能找到天上几对重要的双星。

(2) 掌握天文望远镜分辨角的计算方法。

(3) 会利用双星检测天文望远镜的分辨角。

二、活动背景知识

1. 结伴而行——双星

双星指的是在星空中靠得很近的两颗星。组成双星的两颗星叫作子星，其中比较亮的一颗叫作主星，比较暗的一颗叫作伴星。双星分为光学双星和物理双星两大类。有的两颗星看起来很近，但实际相距很远，彼此没有什么联系的叫作光学双星，而有的两颗星是在双方的引力作用下围绕共同的质量中心运行，这样的双星叫作物理双星。

物理双星分为好几种，其中如果人们通过望远镜能把双星的两颗子星区分开的就叫作目视双星；有的双星因为它们两颗子星的轨道平面都是侧对着我们，所以当一颗子星遮挡住另一颗子星时会出现双星总亮度的变化，这样的双星叫作食双星，又叫食变星。英仙座的大陵五（英仙座 β）是最早发现的食双星。

2. 明辨是非——望远镜的分辨角

天文望远镜除了能收集星光、放大天体之外还能分辨更小的细节，这就是望远镜的分辨本领，衡量望远镜分辨本领用"分辨角"。如果两颗星接近到望远镜刚好能分辨出来，它们之间的角距离就叫作分辨角，用符号 θ 表示，单位用角秒（天文学上量度天上两个点之间的距离单位，天上一个大圆有 360°，太阳和月亮的直径大约有 0.5°，而 1°等于 3600 角秒）。

如果用 θ 表示分辨角（以角秒为单位），用 D 表示以毫米为单位的望远镜口径，那么一台望远镜的分辨角大约为：

$$\theta = \frac{140}{D}$$

三、活动所需器材

一台天文望远镜、赤道仪。

四、活动过程

1. 你要先了解自己的望远镜

观测前先计算好你使用的天文望远镜的分辨角 θ。

2. 制定观测计划

首先查阅观测当天的天气状况，选择天气晴朗、月光影响较小、光污染小、视野开阔的地点观测。

确定当晚能观测后使用纸质星图或 Stellarium 星图软件查阅观测当天夜晚会出现的双星，并选择那些小望远镜可以看到的双星以供望远镜观测使用，记住它们将在什么时候升到较高的位置（位置越高越适合观测）。

最后预先计划要使用的观测器材，除了主镜，还要准备赤道仪、目镜、寻星镜等。

3. 开始观测

观测当晚选择一些角距离接近望远镜分辨角的双星，按照角距从大到小进行观测，一直到分辨不出是两颗星为止。能够分辨的最小的双星的角距离，就是望远镜的实测分辨角，下面的双星表可以为你选择观测目标提供帮助。

小望远镜容易看到的双星

星名	赤经(1950.0)	赤纬(1950.0)	角距	两星的亮度		两星的颜色
仙后 η 星	$0^h46^m.1$	$+57°\ 33'$	13"	$3^m.6$	$7^m.5$	黄 / 蓝
双鱼 ζ 星	$1^h11^m.1$	$+7°\ 19'$	24"	$4^m.2$	$5^m.3$	白 / 灰
仙女 γ 星	$2^h00^m.8$	$+42°\ 05'$	10"	$2^m.3$	$5^m.1$	黄 / 蓝
猎户 β 星	$5^h12^m.1$	$-8°\ 15'$	10"	$0^m.3$	$6^m.7$	淡黄 / 蓝
双子 δ 星	$7^h17^m.1$	$+22°\ 05'$	7"	$3^m.5$	$8^m.2$	黄 / 红
乌鸦 δ 星	$12^h27^m.3$	$-16°\ 15'$	24"	$3^m.0$	$8^m.5$	黄 / 紫
猎犬 α 星	$12^h53^m.7$	$+38°\ 35'$	20"	$2^m.9$	$5^m.4$	黄 / 淡紫
大熊 ζ 星	$13^h21^m.9$	$+55°\ 11'$	14"	$2^m.4$	$4^m.0$	白 / 白

续表

星名	赤经(1950.0)	赤纬(1950.0)	角距	两星的亮度		两星的颜色
牧夫 ε 星	$14^h42^m.8$	+27° 17'	3"	$2^m.7$	$5^m.1$	黄 / 绿
天蝎 β 星	$16^h02^m.5$	-19° 40'	14"	$2^m.9$	$5^m.1$	白 / 青
天蝎 σ 星	$16^h18^m.1$	-25° 29'	20"	$3^m.1$	$7^m.8$	白 / 黄
武仙 α 星	$17^h12^m.4$	+14° 27'	5"	$3^m.5$	$5^m.4$	橙 / 绿
武仙 δ 星	$17^h13^m.0$	+24° 54'	10"	$3^m.2$	$8^m.1$	白 / 紫
巨蛇 θ 星	$18^h53^m.7$	+4° 08'	22"	$4^m.0$	$4^m.2$	黄 / 黄
天鹅 β 星	$19^h28^m.7$	+27° 51'	35"	$3^m.2$	$5^m.4$	黄 / 天蓝
海豚 γ 星	$20^h44^m.4$	+15° 57'	10"	$4^m.5$	$5^m.5$	黄 / 绿
仙王 β 星	$21^h28^m.0$	+70° 20'	14"	$3^m.3$	$8^m.0$	白 / 蓝

4. 欣赏美丽的双星

除了利用双星测定望远镜分辨角外还可以细细欣赏美丽的双星, 你会看到大多数双星的子星都有不同的亮度, 也有不同的颜色。

五、活动提示

(1) 最容易看到的双星: 天鹅座 β 是一对黄、天蓝色的双星, 室女座 γ 是一对两子星都为淡黄色的双星, 仙女座 γ 的两子星分别呈黄、蓝色, 海豚座 γ 则是一对两子星分别呈黄、绿色的双星。这四对双星是最容易看到的, 可作为正式观测前的欣赏和练习之用。

(2) 应尽量选择接近天顶的双星进行观测, 因为越接近地平, 大气折射对双星角距的影响会越大, 观测结果也就越不准确。

(3) 实测得到的分辨角一般会大于计算得到的分辨角, 这是由大气层的影响导致的。

六、任务活动

选择一些双星, 找一个夜晚实际检测一下你的望远镜的分辨角。

第七章　星系和宇宙

阅读与思考

我们的宇宙是怎样诞生的?

第一节 宇宙之"岛"——星系

一、美丽的家园——银河系

图7-1 银河（王建坤 摄）

你可能不会想到，此时太阳正率领着太阳系的八大行星（当然包括地球和其上的所有人类）、矮行星以及众多的小天体一起以220km/s的速度绕着银河系中心高速旋转。银河系太大了，太阳围绕银河系中心转一周要花2.46亿年。

太阳系

图7-2 银河系

我们用裸眼（不用望远镜）仰望北半球的夜空，看到的天体几乎都属于一个直径约 16 万光年的恒星系统——银河系。银河系是一个拥有超过 2000 亿颗恒星的棒旋星系，银河系的中心区域称为核球，扁平的盘面称为银盘，银盘之外是一个更大的区域称为银晕，我们的太阳在距离银河系中心约 2.8 万光年的地方，如果把我们的银河系比喻作一座城市，那么太阳只在这座城市的郊区而已。

核球和棒

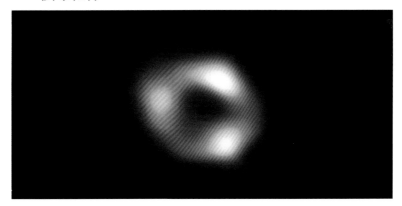

图 7-3　银河系中心黑洞的首张照片

核球是银河系的中央区域，也是恒星最密集的区域，直径约有 1.2 万光年，在这个区域中聚集了大约 100 亿倍太阳质量的物质，核球两端连接着由众多年轻恒星组成的棒。核球中央的部分称为银核，天文学家发现银心处有一个质量约为太阳 400 万倍的超大质量黑洞（人马座 A*）正不断吞噬着物质。2022 年 5 月 12 日，天文学家们公布了拍到的银河系中心黑洞的首张照片。

银盘

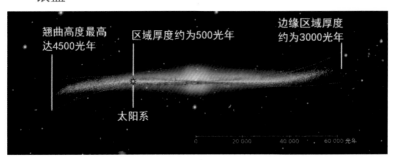

图 7-4　银盘

银盘的直径约 16 万光年，呈扁平状，稍微有点翘曲，银盘聚集了银河系大量的亮星、尘埃、气体，银盘中的一个显著结构特征是旋臂，如果从银河系的北面看银河系，就会看到银河系中间有棒，像一个水中的旋涡一样在旋转。我们的太阳就在被称为"猎户－天鹅支臂"的旋臂上。

银晕

银晕以一个球形的结构包裹着银盘和核球，银晕的直径大约有 32.6 万光年，其中分布着的典型成员是球状星团，它们被认为是银河系中最古老的天体，估计年龄在 130 亿年左右。然而众多的球状星团并不是银晕中的主要天体，神秘的暗物质才是银晕中的主要天体。

二、银河系之外的世界——河外星系

银河系所处的环境

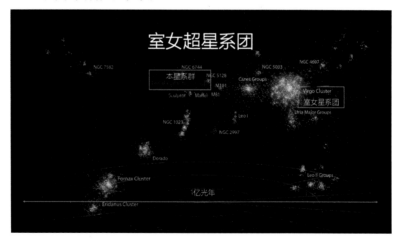

图 7-5　室女座超星系团

银河系在宇宙中并不孤独，它和大、小麦哲伦星系在引力的束缚下组成三重星系，它们和包括仙女星系在内的 50 多个近的星系在引力的束缚下共同组成本星系群，本星系群又是一个更大的星系集团——室女座超星系团的一部分。

有许多小星系在围绕银河系旋转，比如大麦哲伦星系和小麦哲伦星系就在围绕银河系旋转，大麦哲伦星系还是银河系最近的伴星系。银河系和其他星系之间有时并不"和睦"，银河系就曾吞噬过不少小星系，而且由观测得出，银河系和仙女星系正以每秒 109 千米的速度慢慢靠近，大约 60 亿年后两大星系就会碰撞，70 亿年后它们将合并成一个椭圆星系。

河外星系

图 7-6　仙女座星系 M31（王建坤　摄）

宇宙中的星系数量非常庞大，有 2000 亿到 2 万亿个之多，众多星系在宇宙中经常"组团"漫游，通过引力的作用组成星系群、星系团、超星系团等星系集团。

宇宙中虽然星系很多，可经过天文学家的观测之后发现，星系无外乎分为以下三大类型——椭圆星系、旋涡星系和不规则星系。旋涡星系又分为正常旋涡星系和棒旋星系两族，椭圆星系和旋涡星系之间还有一种过渡类型的星系，称为透镜状星系。

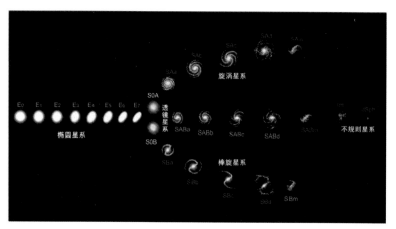

图 7-7　星系的分类

　　椭圆星系接近椭圆形，里面的恒星多数是老年恒星；透镜星系则像从侧面看一个凸透镜一样；旋涡星系和棒旋星系是像银河系一样有星系盘、核球和星系晕结构，棒旋星系非常多，银河系和距离我们约 250 万光年的仙女星系都是棒旋星系。

第二节　宇宙——我们所知的一切

一、大爆炸——宇宙的起源

图 7-8　宇宙大爆炸

138 亿年前，"砰"的一声，宇宙从一个极小极小的点——"奇点"中爆炸而诞生，此后的宇宙一直在膨胀，温度也逐渐在下降。诞生宇宙的这个奇点很小很小，大约只有原子核那么大，但能量、密度却都无限大，已超出了我们的想象。

大爆炸之后 10 秒到约 1000 秒，宇宙温度下降了一些。于是氢原子核、氦原子核开始形成，所以造成了现今宇宙中有 75% 的氢和 25% 的氦，它们是组成恒星的主要材料。

大爆炸之后约 38 万年，最早的原子形成了，第一代恒星在大爆炸后约 1.5 亿年开始形成，最早的星系则在大爆炸后约 10 亿年形成。

一直到今天，宇宙依然在膨胀，美国天文学家哈勃在 1929 年发现遥远的星系几乎都在远离我们而去，而且越远的星系远离我们的速度越大，这成为支持大爆炸宇宙学说的一个坚实证据，138 亿年也成为公认的宇宙年龄。

二、宇宙的大小

从单个星系、双重星系、多重星系到星系群、星系团、超星系团，我们观测的宇宙空间范围越来越大，引力不断让更多的天体或天体系统聚集在一起组成更大的天体系统。天文学家常把观测到的一切统称为"总星系"或"可观测宇宙"，宇宙太大了，它的直径约为 930 亿光年。

三、你所知的一切只有 4%

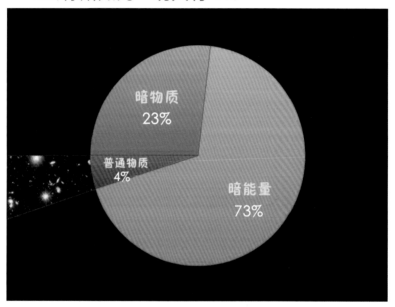

图 7-9　宇宙的组成

群星璀璨的夜空，不借助望远镜我们能看到众多恒星、行星、月球等天体，地球也是宇宙中一颗普通的行星，借助望远镜，天文学家看到了星云、星团、星系等不容易看到的天体。然而经过科学家精确的测量和计算，我们所看到的这一切的总和（称为"普通物质"）只占宇宙物质和能量的 4%，而宇宙的大部分，我们人类都对其所知极少，甚至一无所知。

科学家已探明，在宇宙中除了普通物质以外还有神秘的"暗物质"和"暗能量"，暗物质占宇宙的 23%，暗能量则高达 73%！它们都比普通物质多得多，但科学家对它们却了解得很少，对于暗物质，我们只知道它对普通物质有引力作用，暗能量则相反，起斥力作用。1998 年，天文学家通过观测遥远的超新星发现宇宙在加速膨胀，正是暗能量的存在导致了宇宙在加速膨胀。

外星文明在哪里

茫茫宇宙，除了人类还有没有其他的智慧生命存在？银河系有超过 2000 亿颗恒星，宇宙中的星系更是不计其数。宇宙诞生至今已有 138 亿年了，因此许多科学家相信，宇宙中除了人类一定还有其他的智慧生命存在，有的甚至比我们人类文明更加先进。

人类渴望能在宇宙中找到"知音"，20 世纪 70 年代，美国发射了先驱者 10 号飞船、旅行者号飞船，飞船上搭载了记录有地球上的人类、动物、环境等各种信息，这些飞船现在已飞出太阳系，飞向茫茫星海。如果它们能被外星文明截获并破译其中的信息，外星文明就能知道我们地球人类文明的存在。

除了主动发射探测器寻找外星文明，我们也可以"听"或发射信号来获知外星文明的存在。美国从 1960 年开始的奥兹玛计划就是用来监听宇宙中可能存在的外星文明信号，该计划还向天鹅座 61 星和巴纳德星发送了联络信号，只可惜目前这些努力都徒劳无功，但人类并没有因此放弃努力，因为人们相信，地球并不是特殊的，一定还有其他智慧文明存在，因此人类也会继续寻找……

四、宇宙的终结

宇宙的终结是什么？目前天文学家们没有得出一致的结论，但天文学家们认为宇宙的归宿有可能是以下几种中的某一种：

热寂死亡

随着宇宙空间一直膨胀下去，在 100 万亿年后，宇宙中将不会再有新的恒星和星系产生，其他的恒星也将慢慢耗尽核燃料而死亡。随着时间漫长地推移，宇宙中只有黑洞在孤零零地飘荡，最后连黑洞也会慢慢蒸发而消失，整个宇宙陷入一片死寂。

大撕裂

如果未来暗能量的作用很大，因为它起斥力的作用，当宇宙继续加速膨胀下去，宇宙中的一切，包括恒星、行星、星系甚至原子核，都将迎来被撕裂的悲惨命运。

振荡的宇宙

还有观点认为宇宙在遥远的未来将会由膨胀转为收缩，一直收缩到宇宙的初始状态，而后又会开始新的"大爆炸"。

科学家们还有许多对宇宙未来命运的猜测，但哪种是宇宙最终的命运还不得而知。虽然人类对宇宙研究了很久很久，但对于宇宙 138 亿年的漫长时光而言也只是微不足道的一瞬间，然而科学家们始终相信，通过集合人类一代又一代群体的智慧，人类终将揭开宇宙神秘的面纱。

(1) 深空天体观测的要点是什么?

(2) 宇宙膨胀是否有一个中心?

天文探究活动一: 观测深空天体

图 7-10   一套能进行深空天体摄影的天文器材

一、活动目的

(1) 学习目视观测深空天体的方法。

(2) 能根据不同类型的深空天体灵活选择观测器材。

(3) 初步了解我们为什么需要对深空天体进行摄影。

二、活动背景知识

什么是深空天体?

18 世纪中期以后, 天文学家们开始系统地在星空中搜寻彗星, 但总有天文学家不小心将星空中的云雾状天体误当作新发现的彗星。为了避免这样的情况发生, 法国天文学家夏尔·梅西耶于 1758—1781 年收集整理了 100 多个云雾状天体, 并将它们编制成表, 梅西耶星云星团表中编入的是星空中一些较亮的星云、星团、星系、尘埃云等远在太阳系以外甚至是银河系之外的天体, 一般叫它们"深空天体", 要观测深空天体, 我们首选以梅西耶星云星团表作为指南, M31 (仙女座星系)、M42 (猎户座大星云)等都是梅西耶星云星团表中很有名的深空天体。

人眼的缺陷

深空天体比月球、行星难观测多啦！首先，由于深空天体距离遥远，所以视亮度非常低，如果不借助天文望远镜，大多数的深空天体，人眼都不可见。其次，即使借助天文望远镜，我们看到的大多数深空天体也只是一团灰白的云雾状天体，这是由于人类的眼睛不能积累光线，而要观测到深空天体美丽的色彩，只有借助于照相设备进行长时间的积累曝光才行。

图 7-11　目视条件下的三角座星系 M33

图 7-12　长时间曝光下的三角座星系 M33（王建坤　摄）

三、活动所需器材

双筒望远镜、大口径天文望远镜、低倍数（长焦距）目镜。

四、活动过程

目视观测深空天体

（1）制定观测计划。

利用活动星图或Stellarium等星图软件演示当晚的星空，看看哪些较亮的深空天体值得观测，你应当选择那些在计划观测时段位置较高，且属于梅西耶星云星团表中的深空天体，因为它们都比较容易观测。记住，在梅西耶星云星团表中的深空天体都以"M"开头，如"M1""M2"，根据你查看活动星图或星团软件的结果先在脑海中预演一下到时应该向哪个方向、哪个星座中观测。

（2）准备一台双筒望远镜或大口径的天文望远镜。

图7-13　254毫米大口径天文望远镜

如果你只是满足于看到，而不追求过多细节，那么推荐你使用双筒望远镜进行巡天观测，一台小口径的双筒望远镜已足够了。双筒望远镜最大的好处是观测深空天体时呈现出的立体的感觉，这种强烈的震撼是单筒望远镜所无法比拟的。

　　由于深空天体都比较暗弱，如果你希望看到的深空天体更大、更亮、细节更丰富，那么你应该选择一台大口径的天文望远镜。大口径的天文望远镜能收集到更多的光线、能有更高的分辨本领，在需要时也能得到相对更高的倍数，这样就能使观测到的深空天体更亮、更大、细节更丰富。

　　（3）去郊外或村庄，找一个尽量黑暗的环境。

　　在城市或光污染较大的环境中观测深空天体会相当艰难，强烈的光害会使深空天体难以见到。

　　（4）让眼睛尽量地适应黑暗。

　　忽然从一个明亮的环境进入一个黑暗的环境，你会感觉几乎什么也看不见，但随着时间的推移，你会感觉在黑暗中能看到的星星越来越多。这是因为你的眼睛逐渐适应了黑暗环境，为了能够更好地观测深空天体，你也必须先花时间让你的眼睛充分地适应黑暗，一般而言，20分钟左右就可以了。

　　（5）寻找深空天体。

　　如果你有一台能GOTO（自动寻星）的望远镜，那么当你架设好设备后直接GOTO就能让望远镜自动指向你要观测的天体。如果你的望远镜不能自动寻星，那你就需要手动寻找目标，业余天文观测中常用的"星桥法"是一个能帮助你快速定位深空天体的不错的方法。

　　举个例子，你将于夜晚观测M101星系，怎么手动寻星找到它呢？请看下图，你需要先从北斗七星的"开阳"星出发，使用寻星镜（或使用主镜＋低倍目镜）向左找到第一颗亮星"81"，再依次找到"83""84""86"，最后就能找到M101星系。其他深空天体也可以用相同的方法寻找，在观测前就要先看星图，在星图上研究好"路线"，才不至于在实际观测中手忙脚乱。

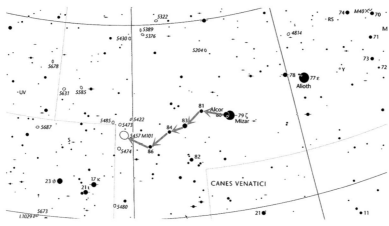

图 7-14　使用星桥法寻找深空天体

（6）观测深空天体。

寻找到深空天体之后就可以尽情欣赏它们的美，有的深空天体比较暗淡，为了能更多地看到它们的细节，你可以将目标天体置于视场中央，多凝视几分钟，并且使用"侧视法"——不要直接注视目标天体，而望向视场边缘，这时深空天体的某些细节就会突然冒出来。

观测时可以先用低倍观测，然后换高倍，因为在大多数情况下，较低的倍数能呈现较亮的天体图像。

五、活动提示

（1）视宁度对于目视深空天体也是很重要的，良好的视宁度可以让你看到更多深空天体的细节。

（2）推荐你使用口径 200 毫米或以上的天文望远镜，这将使你能获得较好的观测体验。

（3）对于不易手动寻找到的深空天体，如果能利用一台能自动寻星的望远镜来寻找，将会帮助你节约不少时间。

六、任务活动

选一个晴天，提前制订观测计划，选择几个较明亮的深空天体进行观测，开启你的星际漫游吧！

天文探究活动二: 使用气球模拟宇宙, "亲历"宇宙膨胀

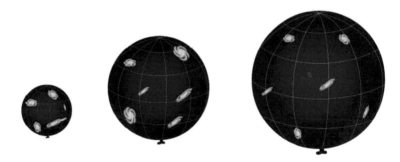

图 7-15 用气球模拟宇宙膨胀

一、活动目的

(1) 通过活动认识宇宙是有限的, 它最初很小很小。

(2) 通过活动认识宇宙膨胀没有中心。

(3) 通过活动认识越远的星系退行速度越快。

二、活动背景知识

宇宙膨胀的发现

图 7-16　埃德温·哈勃

在 20 世纪以前，人类都认为宇宙是静态的、无限的、没有开端的，但美国天文学家埃德温·哈勃的发现终结了这样的认识。1929 年，哈勃发表了天文学史上里程碑式的论文，描述了他的发现。哈勃通过天文观测发现，几乎所有星系都在远离我们而去（退行），且越远的星系退行速度越快。这一结果表明了宇宙在膨胀！

爱因斯坦一生中最大的错误

图 7-17　爱因斯坦

　　爱因斯坦是人类历史上最伟大的科学家之一，他 1915 年发表了广义相对论，后来他用他的广义相对论考察宇宙，发现宇宙是动态的，会膨胀或收缩，这与爱因斯坦原来认为的宇宙是静态的观点不相符合。于是他人为地修改了他的方程，在其中加入了"宇宙学常数"来使宇宙保持静态，当后来听说哈勃通过观测发现宇宙膨胀后，爱因斯坦懊恼不已，懊悔加入宇宙学常数是他一生所犯的"最大的错误"。

三、活动所需器材

气球、记号笔、打气筒、皮尺。

四、活动过程

（1）气球吹到一半大，画出模拟星系的圆点。

　　取一个气球，先用打气筒将气球吹大（大约一半大），想象我们的宇宙就是这个气球的球面，然后用记号笔在上面画上距离相等、大小一致的几个圆点，它们代表宇宙中的星系，每组同学选择其中一个点作为各自居住的星系，想象正身处于其中。测量并记下你所在星系与其他星系间的距离。

（2）继续吹大气球，进行观察和测量。

把气球继续吹到最大，在吹的过程中你将看到：从我们的星系观察其他星系，其他星系都似乎在以我们所选的星系为中心远离我们。气球吹到最大后再次测量距离，你将发现越远的星系远离我们的速度越快！

这就是天文学家哈勃 1929 年观测到的事实，星系的整体退行正是宇宙膨胀的反映！

五、活动提示

这个模拟试验让我们看到了：

（1）宇宙是有限的，它最初很小很小，所以一定有个起源。

（2）各组的同学在自己的星系上实际会感觉自己就是宇宙的"中心"，而实际的情况是宇宙膨胀没有中心。

（3）越远的星系退行的速度越快，这是宇宙整体在膨胀导致的，天文学家发现个别星系在向我们靠近则是因为相互间的引力吸引。

六、任务活动

因为我们身处宇宙中，很难直观看到宇宙膨胀，但通过这个小小的实验你就能体验到宇宙膨胀是怎么回事，收集材料，亲自试一试吧！

第八章　白族火把节中的天文学

阅读与思考

北斗七星、星回节、火把节, 三者有什么关系?

第一节 火烧松明楼——白族火把节的传说

图 8-1 白族火把节

星回节的阴谋

1000 多年前，在现今的云南大理洱海区域分布有六个大的部落，称为"六诏"。六诏之中的蒙舍诏（又称"南诏"）诏主皮罗阁是一位很有野心的首领，他一心想吞并其他五诏，于是他设下一个圈套，建了一座松明楼，还派人邀请其他五诏诏主在星回节这一天前来赴宴并共同祭祖，各诏诏主都惧怕南诏的势力，不敢不去。

松明楼惨剧

柏洁夫人是邓赕诏诏主的王妃，她聪慧而美丽，柏洁夫人担心皮罗阁会暗算五诏诏主们，于是苦劝邓赕诏主不要去赴宴，邓赕诏主虽然也心知肚明，但他说如果不去就会被蒙舍诏找到借口出兵攻打邓赕诏。柏洁夫人见没有办法，只好在邓赕诏主临走前将一只铁镯戴在他的手上并嘱咐他要小心。

到了农历六月二十五日，各诏诏主齐集松明楼，没想到半夜皮罗阁命人在楼下放了一把大火，顿时整座松明楼猛烈燃烧起来，火光冲天，邓赕诏主也和其他诏主一样被烧死在大火中。

坚贞不屈的柏洁夫人

消息传到邓赕诏，柏洁夫人悲痛万分，她急忙带人赶到松明楼下，当柏洁夫人看到松明楼已成灰烬时，不禁泪如泉涌。靠着给丈夫临走前戴的铁手镯才终于在焦炭里刨到了丈夫的尸骨。皮罗阁还想娶柏洁夫人为妃，柏洁夫人假装答应，随后回到邓赕诏带领军民拼死抵抗蒙舍诏的进攻，邓赕诏坚持了大约一年后终因矢尽粮绝而被攻陷，贞烈的柏洁夫人最后也跳洱海而亡。

永恒的纪念

后来，白族人民为了纪念柏洁夫人，就把农历六月二十五日定为火把节。火把节当天，各村寨都要扎大火把，老百姓们拿小火把，举行各种祭祀仪式和庆祝活动。

第二节 火把节中的天文学

从古至今，火把节都是白族、彝族、哈尼族等少数民族盛大的节日，白族的火把节在农历六月二十五日，彝族的火把节在农历六月二十四日。为什么云南这么多的少数民族会不约而同地过同一个节日呢？

一、十月太阳历——一种已消失的古老历法

氐、羌是我国古代的少数民族，居住于西北一带，后来有一支南下的氐羌族在秦汉时或之前融合到云南当地一部分居民中，就形成了白族和彝族，其中的白族就分布于洱海区域。

匠心独运的设计——太阳历广场

云南天文台位于昆明东郊凤凰山上，在郁郁葱葱的山林间，天文台的各栋建筑静静矗立，其中的太阳历广场设计巧妙、匠心独运。太阳历广场是由云南天文台的科技工作者们在彝族古代"十月太阳历"的启示下，吸收了英国索尔兹伯里巨石阵的某些特点并融合我国传统圭表和地平日晷系统，自行设计和研制的一种大型天文科普设施。

参观太阳历广场，我们既能一窥十月太阳历的面貌，感受云南少数民族古老的天文智慧，又能通过太阳历广场学习太阳运动的规律和探索时间的奥秘。

出于生活和生产劳动的需要，西羌人创造了十月历，这种历法是把一年分成两截：从冬至日开始的 5 个月（每月 36 天）共 180 天叫阳年，而后用 1~2 天的余日过阳年新年；从夏至日起的 5 个月（每月 36 天）共 180 天叫阴年，而后用 4 天的余日过阴年新年。彝族和白族的先民都使用过这种古老的历法，所以古代彝族和白族都过两个新年。

二、扑朔迷离的星回节

在柏洁夫人的传说中，蒙舍诏诏主皮罗阁以在星回节这天宴请其余五诏诏主并共同祭祖为借口借以谋害五诏诏主，"星回节"是白族、彝族等少数民族古代盛大的节日。那星回节的本质是什么？它又是如何起源的呢？

三、"星回于天"——北斗七星与星回节

从北斗七星到星回节

北斗七星的第一颗星叫"天枢"星，第七颗星叫"摇光"星，以其连线作斗柄，连续于每天傍晚同一时刻观测北斗七星就会发现，北斗七星斗柄的指向会逐渐围绕北极星旋转，一年旋转一周。白族的先民们很早就观察到这一现象，那时他们发现斗柄正下指时为冬至，上指时为夏至。当北斗七"星"一年中又"回"到它在正上、正下的位置时，白族、彝族的先民们就知道该过年了，这就是星回节的由来。

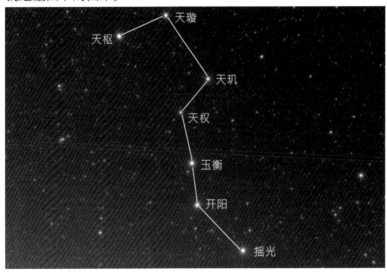

图 8-2　北斗七星

星回节的真相

原来，在古代的白族、彝族等少数民族使用过的十月太阳历中，每年都有两个新年，也就是两个星回节，一个是年末的星回节，另一个是六月的星回节，而六月的星回节其实就是火把节。

美丽的传说

因为火把节曾是白族、彝族古代的新年，所以它才能成为白族和彝族最盛大的节日，几乎没有比它更隆重的节日了。至于白族民间的"为纪念柏洁夫人而设立火把节"这一说法仅为白族劳动人民为赞扬坚贞不屈的品质而流传的美丽传说而已，并不是火把节的本质。

同一个节日，不同的名称

火把节、星回节都是对古代十月历新年的称呼，只不过前一个名称表现节日的活动，后一个名称表现节日的性质。在古代，少数民族老百姓更乐于使用通俗的"火把节"这个称呼，"星回节"则多为文人使用。

火把节——星回节小年

到了南诏时期，十月历废止了，广泛使用汉族的农历，于是白族人民把年节日期依附于农历中计算，这便是白族在腊月二十五过星回节大年，在六月二十五过火把节（也即另一个星回节小年）的由来。然而随着时间的推移，白族与汉族融合越来越深，加上与汉族农历新年又比较接近，故腊月二十五的星回节大年已逐渐淡化，只有六月二十五日的星回节小年（火把节）依然保留下来作为白族最隆重的节日，但已鲜有人知道这是白族曾使用过的十月历中的新年了，而民间"火烧松明楼"的传说成了这一节日流传最广的传说。

南诏时期大理地区北斗七星在傍晚大约几月份朝上、几月份朝下?

天文探究活动: 使用 Stellarium 探索南诏时期大理地区一年中北斗七星斗柄指向的变化情况

一、活动目的

(1) 能使用 Stellarium 星图软件调出南诏时期大理星空。

(2) 用 Stellarium 探究一年不同月份傍晚时刻北斗七星斗柄指向的变化,体会白族曾使用过的古十月历中两个新年与北斗七星的关系。

二、活动背景知识

1. 变化的星空

恒星之所以叫作"恒"星,是因为人们发现这些星星比月球、行星这样的天体更能稳定地在天上的同一位置,但实际的情况是恒星也会移动,恒星不"恒"。

1781 年,英国天文学家哈雷将当时的星表与距哈雷时代 1000 多年前的古代星表比较,发现毕宿五、天狼星、大角星和参宿四等 4 颗星的位置发生了很大的变化,其中移动最大的是夜空中最亮的恒星——天狼星。从此,人们知道了恒星在很长一段时间内其在天上的位置也会变化,如果时间达到几千年甚至上万年,星座的形状就会发生明显的改变。

2. 变化的北天极

北天极代表的是地球自转轴在天球上的投影,因为地球有自西向东的自转,所以所有的星星都会像太阳一样东升西落,看起来就像围绕着天上的一个点在旋转,这个点就是北天极。如果一颗恒星离北天极很近,就可以用来指示北方,成为"北极星",现在的北极星是小熊座 α。

但北天极在天上的位置也会缓慢变化(大约以 25800 年为周期),所以北极星也不是固定的,公元前 3000 年的北极星是天龙座 α,到公元 7500 年时仙王座 α 星将成为北极星,而到公元 13600 年时,天琴座 α(织女星)将会成为北极星。

图 8-3　现在的北天极

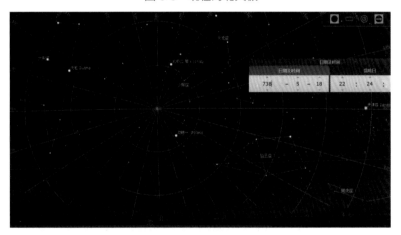

图 8-4　公元 738 年的北天极

三、活动所需器材

图 8-5　Stellarium 星图软件

四、活动过程

（1）保存南诏时期一个时间点的星空截图。

打开 Stellarium，将年份设置到南诏时期（以公元 738 年为例），地点设置为大理，接着调出公元 738 年与今晚相同观测时刻（20:00）的星空（月份和日期设置为与今天的相同，加上星座名称及连线，将你感兴趣的一个方向的星空截图并保存。

（2）保存今年今天同一时间点的星空截图。

重新打开 Stellarium，将时间设置到今晚的同一时间点（20:00），地点设置为大理，加上星座名称及连线，将同一个方向的星空截图并保存。

（3）打印并对比以上步骤中的星空截图，对比星座有没有明显变化。如果没有的话，将时间再往前推，看看多长的时间会让星座出现明显的形状变化。

（4）演示南诏时期某一年中北斗七星斗柄指向的变化，体会当时的人们怎样利用北斗七星判断十月历中的两个星回节。打开 Stellarium，将年份设置到南诏时期（以公元 738 年为例），地点设置为大理，时间分别设置为 738 年 1 月 19 日 19:30 和 738 年 7 月 16 日 19:30（这两个日期大约相当于依附于农历中的星回节日期），调整到星图北方，看看北斗七星斗柄的指向。

图 8-6　公元 738 年 1 月 19 日 19:30 左右的北斗七星指向

图 8-7 公元 738 年 7 月 16 日 19:30 左右的北斗七星指向

五、活动提示

活动步骤中选择的两个时间大约相当于南诏时期（公元 738
年）依附于农历中的星回节日期，后一个日期就是当时火把节的
日期。但十月历的细节已很难考究清楚，使用现代农历中星回节
的日期反推当时星回节的公历日期可能会有一定误差，但这个误
差对北斗七星斗柄的指向变化影响并不大。

六、任务活动

（1）按活动步骤使用 Stellarium 星图软件调出南诏时期大
理星空。

（2）用 Stellarium 探究公元 738 年 1 月 19 日和 7 月 16 日
北斗七星斗柄指向的变化，体会白族曾使用过的古十月历中两个
新年与北斗七星的关系。

第九章　中国星空

阅读与思考

中国的星官体系是如何划分的?

第一节　星空帝国——中国的星官体系

图 9-1　中国星官图（徐刚　绘制）

在春季的夜晚，有"雄狮"——狮子座在天上怒吼，夏季夜晚，壮观的天蝎座盘踞于南部大空，秋季的星空虽然略显寂寥，但北面闪耀的仙王座、仙后座这些王族星座却也让人印象深刻。一旦跨入冬季，徜徉于星空之下，拥有着猎户座、双子座等一年中最漂亮星座的星空将使你流连忘返。

天上的星座一共有88个，88星座体系是1928年国际天文学联合会确立的，后来被世界各国通用，而我国古代也有自己的星空划分体系，中国古代的天文学家按照一定的内涵，将天上的若千颗星星连在一起组成"星官"。西晋初年，太史令陈卓综合了古代学者甘德、石申、巫咸等人的成果，确立了包含 283 个星官、1464 颗星的星空划分体系，这些星官为历朝历代所沿用。

我国隋唐时期，当时的学者将全天星官划分为"三垣""二十八宿"统辖，此后一直沿用了 1000 余年。

展开一幅中国星图，你会看到一个由中国古人想象中的"天帝"统治的星空帝国，在这个帝国中有帝王将相、皇宫府衙，也有繁华街市、农耕用具，甚至动物植物、风雨雷电都有，人世间的一切似乎都被搬到了星空帝国中。

图 9-2　群星围绕北天极旋转（王建红　摄）

第二节　三垣二十八宿

一、三垣

"垣"是墙垣、城垣的意思，"三垣"指的是紫微垣、太微垣、天市垣，三垣是天上非常大的三个天区。

紫微垣

图 9-3　紫微垣

我们祖国首都北京有一个紫禁城，那是古代皇帝居住的地方，天上也有"紫禁城"，这就是紫微垣，紫微垣位于以北天极为中心的一片区域，因为地球在自转，反映到天上就会出现群星每天东升西落，围绕北天极旋转的现象。如果一颗星离北天极很近，看起来就像几乎不动一样，人们就会将它定为北极星，古代曾经使用过的北极星有的叫作"帝星"，象征着天帝，天上所有的群星都以天帝为中心旋转，好似地上的百姓以皇帝为中心一样。

　　紫微垣中除了有帝星，还有"太子""少子"及皇后等皇室成员，"上丞""少丞""柱史"等听候天帝调遣的官员，墙垣内外还有"五帝内座""华盖"等皇家设施，我们熟悉的"北斗七星"则是天帝出巡的御用车辆，负责载着天帝巡游四方。

太微垣

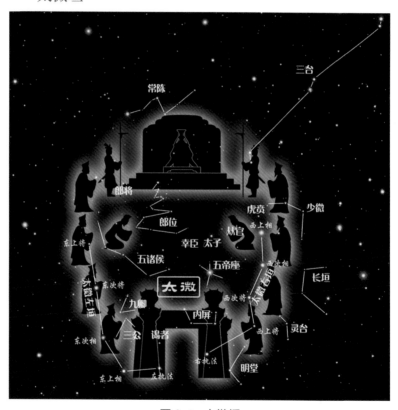

图 9-4　太微垣

　　太微垣相当于天上的政府机构——"天庭"，是天上的天帝和各大臣议事的地方。太微垣的范围很大，大致为现今的包含狮子座的一大片天区，在学习星座的时候，我们认识了狮子座中的一颗亮星——五帝座一，是"五帝座"五星之一，而且是最亮的一颗，在天上的"神仙世界"里，五帝座相当于五方上帝的座位。

　　太微垣中有众多星官以"三公""九卿""上相""次相""上将""次将""左执法""右执法"等政府官员和侍卫命名，是一个等级森严的政府机构。

天市垣

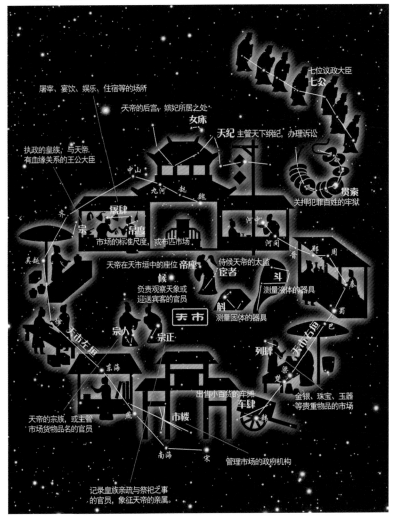

图 9-5　天市垣

　　春天到夏天的夜晚，当天蝎座最亮的星——天蝎座 α（中国星名为"星宿二"或"大火"）升起来时，你就能借助几颗亮星找到天市垣的大致范围，将天蝎座的大火星、天琴座的织女星、天鹰座的牛郎星、牧夫座的大角星这 5 颗星连接起来围成的区域就是天市垣的大致范围。

　　如同我们的首都北京古代除了有皇宫、政府机构外还有街市一样，天上除了有紫微垣、太微垣外，也有热闹的天街——天市垣，天市垣是星空帝国中最热闹的地方，在这里有以贸易市场中各类店铺、货物命名的星官。比如"帛度"——是天上买卖绫罗绸缎的店铺；"屠肆"则是宰杀牲口，卖肉的地方，为了买卖公平，防止出现奸商，天市垣中甚至还有"斗"和"斛"两个星官用来公平衡量货物。

天市垣除了是天上的贸易集市，也是天帝接受各路诸侯朝拜的地方，所以有"帝座"星官——天帝的龙椅。

浑仪和简仪——我国古代两件巧夺天工的天文仪器

风景秀美的南京紫金山上，坐落着一座历史悠久的天文台——紫金山天文台，它是我国现代天文学事业的摇篮。

紫金山天文台上陈列着两件于公元 1437 年仿制的铜铸古代天文仪器——浑仪和简仪。

图 9-6 浑仪

图 9-7 简仪

浑仪的制造历史悠久，汉武帝时候的天文学家落下闳就曾经制造过浑仪，到唐朝天文学家李淳风制造的浑仪已非常精巧；简仪是由元朝天文学家郭守敬发明的，看起来简单，作用却不小，在当时的世界上都是先进的。

在没有天文望远镜的古代，中国天文学家是怎样观测天体的呢？浑仪和简仪就是中国古代两件重要的天文观测仪器，它们能用来测量恒星和日、月、行星的位置及相互间的距离，这两件古代天文仪器铸造精良、巧夺天工，是我国古代灿烂天文学的象征，也是我国珍贵的国宝文物。

二、二十八宿

月亮休息的旅店

在中国划分的星空帝国中，除了三垣以外的所有星官都由二十八宿统领，"宿"其实是"住宿""宿舍"的意思，那是古人给谁留的宿舍呢？谁在天上运行需要住宿呢？其实这个在天上运行又需要宿舍住宿的天体就是月球，月球每27.32天在群星间运行一周，古人给凑了个整数，就把月球运行路线经过的星星划分成28个星官组，让月球每天在其中的一个区域中休息，这就形成了28星宿。

四象——天上的灵兽

中国古代把二十八宿分为东、南、西、北四组，分别以四象——四只灵兽命名，每象包含七个星官，即：

东方苍龙七宿：角、亢、氐（dǐ）、房、心、尾、箕（jī）。

北方玄武七宿：斗（dǒu）、牛、女、虚、危、室、壁。

西方白虎七宿：奎、娄（lóu）、胃、昴（mǎo）、毕、觜（zī）、参（shēn）。

南方朱雀七宿：井、鬼、柳、星、张、翼、轸（zhěn）。

东方苍龙

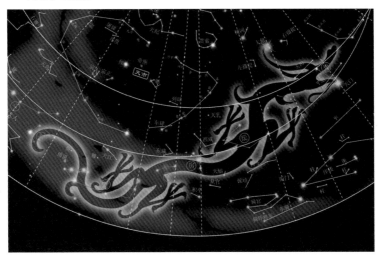

图 9-8 东方苍龙

龙角现，龙抬头

春季的夜晚，让我们一起寻找天上的巨龙吧！沿着我们熟悉的北斗七星斗柄向南延伸，就会看到两颗亮星——牧夫座的"大角"星和室女座的"角宿一"，它们与北斗七星的斗柄共同组成了"春季大曲线"，为什么这两颗亮星的名字中都有"角"字呢？其实，它们正是东方苍龙的两只龙角，当这两颗星升起来时好似苍龙抬头一样，就表示东方苍龙开始升出地平线了。古时候，龙抬头出现在惊蛰前后（现在时间已移到清明时节）的黄昏余晖中，人们为了便于记忆就将其固定在二月初二，这便是"二月二、龙抬头"的来历。

七月流火

春夏之季，南方天空中逐渐有一颗火红的亮星升起，格外醒目，它就是"大火"，也叫"心宿二"，这正是属于东方苍龙七宿中的"心宿"中的一颗恒星。中秋之后，大火星会在入夜后缓缓向西南落下，这就是《诗经》中所说的"七月流火"的意思，心宿是东方苍龙的第五宿，它代表了东方苍龙的心脏。

北方玄武

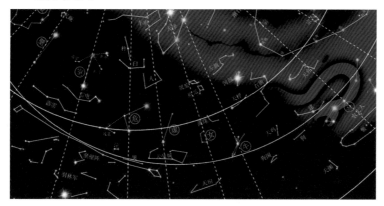

图 9-9　北方玄武

威武的灵兽

　　"玄武"是一条蛇缠绕着一只龟的形象，这是什么寓意呢？原来，"玄"代表黑色（北方的象征），龟蛇身上都有鳞甲，好像武士的盔甲一样，所以称为"武"，龟擅长防守，蛇擅长进攻，两者合体，天下无敌。

天上的另一个"斗"

　　北方玄武第一宿是"斗宿"，位于西方星座体系中的人马座中，仔细一看，斗宿非常像一个小号的"北斗七星"，不同的是斗宿的这个"斗"只有 6 颗星，所以我们只能叫它"南斗六星"，如果把北方玄武中的斗宿和箕宿连接起来就组成了一个星空中的大"茶壶"，十分形象，旁边若隐若现的银河像极了壶嘴中冒出的热气。

西方白虎

图 9-10　西方白虎

七仙女和大公鸡

西方白虎七宿中的第四宿是"昴宿"，在昴宿统辖的星官中有一个美丽的星团——昴星团，它位于西方星座体系中的金牛座中，昴星团看起来有 6 颗星。古代人将董永与七仙女的故事附会到昴星团上，便将昴星团的 6 颗星想象成七仙女中的六位仙女，缺少的一位仙女则下凡去和大孝子董永成亲去了。

昴宿在我国古代神话中是一只大公鸡，名叫"昴日星官"，《西游记》中孙悟空为了收服蝎子精经观音菩萨指点请来昴日星官相助，昴日星官现出公鸡真身对着蝎子精一声叫，怪物就现出了原形，星官再叫一声，那蝎子精便浑身酥软倒地而死了，这真是一物降一物啊！

三星高照，新年来到

冬季的夜空是一年中最灿烂夺目的，我国民间谚语流传说"三星高照，新年来到"，这是什么意思呢？"三星"指的又是哪三星？原来，"三星"指的就是西方白虎七宿——"参宿"中的参宿一、参宿二、参宿三这 3 颗星，它们与参宿四、参宿五、参宿六、参宿七共同组成了西方星座体系中著名的猎户星座的主要恒星。临近过年的夜晚，参宿三星便会高挂于南方天空中，老百姓就知道要过年了，民间也将参宿三星称为"福""禄""寿"三星，蕴含着"幸福美满、吉祥富贵、健康长寿"的美好祝福，遗憾的是虽然寓意是美好的，但实际上"福""禄""寿"三星在中国的星官体系中另有所指，民间则为一误传而已。

南方朱雀

图 9-11　南方朱雀

朱雀不是雀

南方朱雀虽然是一只鸟的形象，但这只鸟却并不是雀，能与苍龙、玄武、白虎在天上并驾齐驱的怎么可能是只不起眼的小麻雀呢？原来，朱雀指的是红色的凤凰，这是很多古籍都记载了的，唯有凤凰——这百鸟之王，才能与其他三兽并列于天上啊。

井宿——星官数之最

南方朱雀第一宿是井宿，它是天上的一口大水井，井宿在二十八星宿中包含的星官是最多的，它包含了 19 个星官，70 颗星，更拥有全天排名前 10 的亮星中的 3 颗——天狼星、老人星、南河三。

大名鼎鼎的天狼星是夜晚中最亮的恒星，这头天上的狼凶猛无比，所以古人对它没什么好感。为了防止它危害天上别的星官，还专门在它旁边设置了一把弓箭——弧矢，弧矢九星像一把待射的弓箭，已拉满弓对准天狼，随时防止天狼可能出现的不轨举动。

井宿之中的老人星是象征长寿的星，在中国神话中就是那位端着寿桃，笑盈盈的白胡子老寿星——南极仙翁，老人星只比天狼星稍暗一点，是全天第二亮星。

南河星官与北河星官则是天上的银河卫戍部队，负责保卫天上的交通要道，其中的南河三、北河二、北河三也都是冬季有名的亮星。

三、有缺憾的三垣二十八宿

地球上不同纬度的地方看到的星空是不同的，越靠近地球的赤道，看到的天球范围就会越大，而我国古代政权的中心大多在北方，虽然我国古代的天文学家已经尽其所能将几乎所有看到的星星都划入中国的星官体系。但三垣二十八宿这个中国传统的星官体系却并没有完整覆盖全天的范围，这是因为南部天空中还有很大一部分未进行划分，这种情况一直到明朝末年才得到改变。

明朝末年，天文学家徐光启积极将西方的天文新知识引入中国，他在南天首先设立了马腹、马尾、水委、火鸟等星官，弥补了中国星官体系缺乏南天星官的缺憾。

实践与探究

怎样利用Stellarium星图软件对比同一时刻中西星空体系？

天文探究活动：探索中西星空体系的对应关系

一、活动目的

（1）认识 Stellarium 星图软件的"星空文化"功能。

（2）能用 Stellarium 星图软件对比同一时刻中西星空体系。

二、活动背景知识

同一片星空，不同的体系。

5000 多年前的古巴比伦人创造了最早的星座，黄道十二星座就是由他们发明的，经过西方天文学家和航海家们的补充和删订，终于在 1928 年由国际天文学联合会召开会议统一规定了天上一共划分为 88 个星座，至此，现代国际通用的星座体系建立了。西方 88 星座体系主要以希腊神话为主建立，天上充满了希腊神话中的各路英雄和他们的传说故事。

　　我们中国有自己独立的星空划分体系，只不过我们中国不叫它星座，而称其为"星官"。中国古代的星官体系分为三垣、四象、二十八宿，这样的星官体系是建立在"天人合一"的基础上的，所以地上有的，天上几乎都有。古代人为了预测吉凶祸福常常要进行星象占卜，古人认为星空中出现异常可能就预示着地上的人事有某些变动了。

三、活动所需器材

Stellarium 星图软件。

四、活动过程

1. 设置软件

图 9-12　点击"星空及显示"

　　启动 Stellarium 星图软件，将鼠标移至左边缘单击"星空及显示"按钮，在弹出的页面中单击"星空文化"就调出了世界部分国家的星空体系。

2. 将"星空文化"设置为"中国"

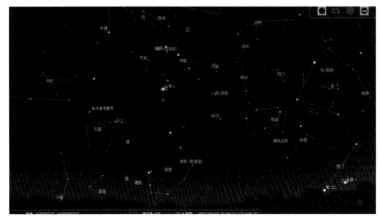

图 9-13　在"星空文化"中选择"中国"

单击"星空文化"选项卡，在左侧菜单中找到"中国"选项并单击，你就成功将星空体系设置为了中国。

3. 漫步中国星空

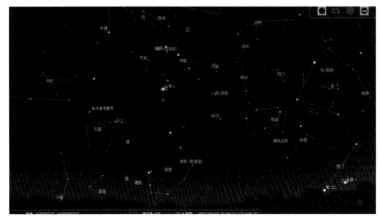

图 9-14　漫步中国星空

关闭"星空文化"选项卡，将鼠标移至底部，单击"星座连线"和"星座标签"，将鼠标移动到软件星空界面中，按住鼠标左键选择一个方向拖动界面，你就会看到这个方向的各星官，寻找在"阅读与思考"部分你学到过的星官和星宿。

4. 切换到西方星座体系进行对比

图 9-15 在"星空文化"中选择"西方"

按照"步骤 1"和"步骤 2"打开"星空文化"选项卡，单击"西方"选项就切换到了西方星座体系，这时你就可以看到刚才的星宿、星官对应的是西方星座体系中的哪些星座。

五、活动提示

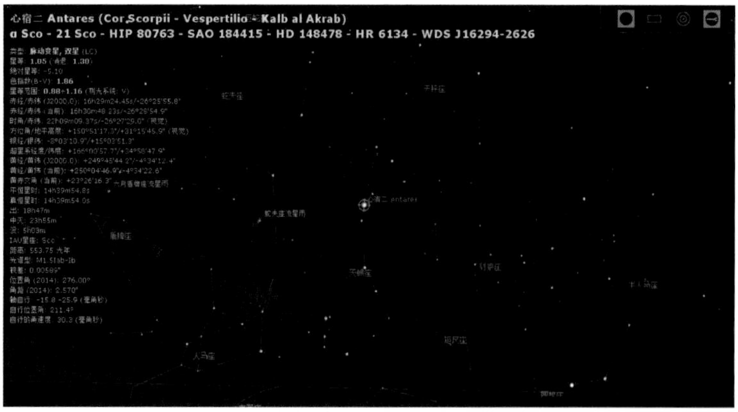

图 9-16 显示恒星的中西星名

Stellarium 可以同时显示大多数北半天球恒星的中文名和西方星名，单击一颗恒星，在 Stellarium 界面左上角就能显示它的中国星名和西方星名。

六、任务活动

利用 Stellarium 演示今晚南天的星空，在中国星空体系和西方星座体系间进行切换，对比，通过探究得出主要星座、星官、恒星名的中西对应关系。

参考文献

[1] 李宗伟,肖兴华.天体物理学(第2版)[M].北京:高等教育出版社,2012.

[2] 孙扬,胡中为.天文学教程(上册)[M].上海:上海交通大学出版社,2019.

[3] 孙扬,胡中为.天文学教程(下册)[M].上海:上海交通大学出版社,2020.

[4] 苏宜.天文学新概论(第5版)[M].北京:科学出版社,2019.

[5] 李维宝,李海樱.云南少数民族天文历法研究[M].昆明:云南科技出版社,2000.

[6] 陈久金.中国少数民族科学技术史·天文历法卷[M].南宁:广西科学技术出版社,2002.

[7] (美)蔡森(Chaisson, E.),(美)麦克米伦(McMillan, S.)著;高健,詹想译.今日天文 太阳系和地外生命探索:翻译版:原书第8版[M].北京:机械工业出版社,2016.

[8] 李博方.陨石类说:解码陨石分类、讲述尘封故事[M].北京:人民邮电出版社,2020.

[9] 徐伟彪.天外来客——陨石[M].北京:科学出版社,2015.

[10] 徐刚,王燕平.星空帝国:中国古代星宿揭秘[M].北京:人民邮电出版社,2019.

[11] 齐锐,万昊宜.漫步中国星空[M].北京:科学普及出版社,2013.

[12] 张元东,李维宝.太阳黑子[M].北京:中国华侨出版公司,1989.

[13] 中国科协青少年工作部,团中央宣传部.青少年科技活动全书:天文分册[M].北京:中国青年出版社,1985.

[14] (英)拉德米拉·托帕洛维奇,(英)汤姆·谢尔斯.天文观测入门[M].谢懿,译.北京:北京科学技术出版社,2020.

[15] "10000个科学难题"天文学编委会.10000个科学难题·天文学卷[M].北京:科学出版社,2010.

[16] 向守平.天体物理概论[M].合肥:中国科学技术大学出版社,2008.

[17] 陈久金.天文学简史[M].北京:科学出版社,1985.

后 记

　　这本天文小书作为中小学开展天文活动可供参考的课程资源和作为我大理市银桥镇中心完小开展天文特色教育的阶段性成果，能顺利出版颇为不易，是集体共同努力的成果。本书是在大理市银桥镇党委、镇政府的关心和支持下，银桥镇中心校的统筹规划下逐渐推进而成书的，在此过程中，上海昕贤会展有限公司金靖女士、大理理庭文旅王金友先生慷慨出资以资助出版，银桥镇中心校杨剑锋校长和银桥镇宣传委员、团委书记田宇娇同志为资金筹措及出版事宜多方奔走，做了大量工作。大理市银桥镇中心完小的杨双标校长、张雪武校长也为促成此书出版给予了鼎力支持。

　　本书作者不愿辜负多方领导、同志、爱心企业家的殷殷期望，在繁重的教育教学工作之余将大量精力和时间投入本书写作之中。期间得到天文界众多老师、好友的帮助：云南天文台高衡老师为本书欣然作序，云南天文台陶金萍老师，云南省天文爱好者协会苏泓老师、王建坤老师，资深天文爱好者张卫国先生、刘成山先生，陨石爱好者张春亮先生，国家天文台徐刚老师无偿授权作者使用他们的天文观测记录和作品，大理诺一生物科技有限公司杨潇女士为本书绘制多幅插图，大理市银桥镇中心完小李峻曦、董旭彤、杨慈、杨俊峰四位同学身着本地区美丽的白族服装参与了书中部分照片的拍摄，众位老师、朋友和同学的帮助使本书增色不少。

　　在几易其稿之后，作者终于有信心将书稿交付出版社进行出版。由于作者天文水平、写作水平有限，本书一定存在不少缺点，但希望本书的出版能为中小学天文科普活动的开展和青少年科学素养的提高略尽绵力，也愿随着本书的出版能引导更多的人仰望星空、胸怀宇宙。

王建红

2024 年 3 月 5 日